Ольга Белогурова

Карбидизированные материалы из кианитовой руды и ставролита

AF155113

Ольга Белогурова

Карбидизированные материалы из кианитовой руды и ставролита

Термодинамический анализ и технологии

LAP LAMBERT Academic Publishing

Impressum / Выходные данные

Bibliografische Information der Deutschen Nationalbibliothek: Die Deutsche Nationalbibliothek verzeichnet diese Publikation in der Deutschen Nationalbibliografie; detaillierte bibliografische Daten sind im Internet über http://dnb.d-nb.de abrufbar.

Alle in diesem Buch genannten Marken und Produktnamen unterliegen warenzeichen-, marken- oder patentrechtlichem Schutz bzw. sind Warenzeichen oder eingetragene Warenzeichen der jeweiligen Inhaber. Die Wiedergabe von Marken, Produktnamen, Gebrauchsnamen, Handelsnamen, Warenbezeichnungen u.s.w. in diesem Werk berechtigt auch ohne besondere Kennzeichnung nicht zu der Annahme, dass solche Namen im Sinne der Warenzeichen- und Markenschutzgesetzgebung als frei zu betrachten wären und daher von jedermann benutzt werden dürften.

Библиографическая информация, изданная Немецкой Национальной Библиотекой. Немецкая Национальная Библиотека включает данную публикацию в Немецкий Книжный Каталог; с подробными библиографическими данными можно ознакомиться в Интернете по адресу http://dnb.d-nb.de.

Любые названия марок и брендов, упомянутые в этой книге, принадлежат торговой марке, бренду или запатентованы и являются брендами соответствующих правообладателей. Использование названий брендов, названий товаров, торговых марок, описаний товаров, общих имён, и т.д. даже без точного упоминания в этой работе не является основанием того, что данные названия можно считать незарегистрированными под каким-либо брендом и не защищены законом о брендах и их можно использовать всем без ограничений.

Coverbild / Изображение на обложке предоставлено: www.ingimage.com

Verlag / Издатель:
LAP LAMBERT Academic Publishing
ist ein Imprint der / является торговой маркой
OmniScriptum GmbH & Co. KG
Heinrich-Böcking-Str. 6-8, 66121 Saarbrücken, Deutschland / Германия
Email / электронная почта: info@lap-publishing.com

Herstellung: siehe letzte Seite /
Напечатано: см. последнюю страницу
ISBN: 978-3-8484-1228-0

Оглавление

Введение

Огнеупорные материалы (конструкционные и функциональные) представляют собой многокомпонентные гетерогенные образования. Подбор рационального состава шихты определяется комплексом физико-технических свойств, доступностью сырья и экономическими соображениями. Наряду с главными компонентами в шихту вводят ряд модифицирующих добавок существенно улучшающих отдельные свойства керамических продуктов.

В настоящее время для производства алюмосиликатных огнеупоров используют как природные, так и синтетические сырьевые материалы. Износоустойчивость и эффективность применения изделий определяется в основном химико-минералогическим составом исходного сырья, качество которого возрастает пропорционально содержанию Al_2O_3 в следующем ряду: пирофиллит, каолинит, бокситовые глины, минералы группы силлиманита, маложелезистые бокситы.

Кольский полуостров замечателен тем, что здесь обнаружен широкий спектр традиционных и уникальных видов минерального сырья, среди них месторождения кианитов в Кейвах, которые являются богатейшими в мире. Это алюмосиликатное сырье отличается от аналогов из других регионов мира по химическому и фазовому составам. Следовательно, его освоение требует рассмотрения особенностей физико-химических процессов как при получении известных продуктов со стандартными параметрами, так и новых материалов, с превосходящими характеристиками, а также тех научных и технологических подходов, которые позволяют оптимизировать существующие технологии.

Особое внимание следует обратить на выявление закономерностей распределения полезных компонентов в сырье, разработку способов их разделения и извлечения, и дальнейшую переработку. Кроме того, следует определить пути эффективного использования некондиционного и обедненного сырья.

Большое значение приобретает изучение химических превращений веществ в системе компонентов, физико-химических закономерностей процессов фазообразования, происходящих в рамках традиционных или новых способов переработки сырья. Любые воздействия на вещество сырьевых материалов предполагают с одной стороны, перевод химических элементов, отдельных фаз в то состояние, при котором реализуются и доминируют их полезные свойства, с другой стороны, максимальное уменьшение вредного влияния отдельных фаз на макрохарактеристики продукта.

Особенностью современной отечественной сырьевой базы является истощение общих запасов высококачественных глин и каолинов, что обусловливает вовлечение в производство силлиманитовых минералов. Вместе с тем предстоит расширить области использования некондиционного, непластичного природного силикатного сырья и техногенных отходов.

Природные сырьевые объекты как многокомпонентные гетерофазные системы, часто требуют не только изучения взаимодействия основных компонентов, но и влияния модифицирующих добавок. Использование добавок обеспечивает: регулирование процессов фазообразования и формирования микроструктуры, которое позволяет добиться требуемых технических характеристик огнеупорных материалов; регулирование процессов распределения примесей по структурообразующим фазам огнеупора, в результате чего достигается задаваемый уровень стабильности получаемых параметров материала.

Решение указанных проблем может быть обеспечено в результате создания системы способов и приемов целенаправленного управления процессами твердофазного синтеза, раскрывающих природу и механизм взаимодействия этих видов сырья в соответствующих системах компонентов на формирование высокопористых керамических структур с достаточной прочностью и термостойкостью.

Приведено физико-химическое обоснование синтеза высокотемпературных фаз исходя из особенностей поведения кианита в псевдозакрытой системе Al_2O_3 - SiO_2 - C. Для продуктов муллитизации термодинамически наиболее вероятными в этих условиях являются реакции, приводящие к образованию карбида кремния, с частичным образованием и транспортированием по объему монооксида кремния. Частицы SiC находятся не только внутри зерен муллита, но и на границах пор.

Исследовано влияние неравновесных процессов на формирование структуры, роли технологических добавок и состава шихты на термостойкость муллитосодержащих огнеупоров на основе брикета из кианитовой руды и углерода. Этот показатель составляет (теплосмен, 1300°C – вода):

муллитографитовые – до 55

муллитокарбидкремниевые – до 30

модифицированный муллитокордиеритовые – до 50.

Установлены физико-химические закономерности получения теплоизоляционных материалов с плотностью менее 1300 кг/м^3, теплопроводностью менее 0,5 Вт/(м·К), пористостью более 60%, прочностью более 10 МПа на основе гранулята из кианитовой руды. Основными составляющими шихты для получения теплоизоляционного материала были кианитовая руда Кейвского месторождения, обожженная в восстановительных условиях. При изготовлении гранул использовали добавки лигносульфоната, углерода, алюминиевой пудры, элементарного кремния в виде отхода производства ферросилиция (ОПФ). При введении сырья в шихту изменяли последовательность операций подготовки к гранулированию.

Рассмотрены особенности карботермического восстановления кианитовой руды, установлены продукты реакций при различных режимах термообработки. Этот специфичный карбидизированный керамический материал интегрирован в получение теплоизоляционного муллитокордиеритового огнеупора.

Увеличение показателя пористости дополнительно обеспечивалось пороформирующим действием добавок как природных, так и техногенных за счет:

- собственной пористой микроструктуры добавки, например, гранул различного состава или зольных микросфер;

-физико-химических процессов, протекающих с увеличением объема, которые препятствуют усадке, например, при синтезе муллита и кордиерита;

- химических газообразователей. К ним относятся вещества, выделяющие газообразные продукты в результате термического разложения, например, аммониевые соли минеральных кислот, выделяющие NH_3 и / или CO_2 при нагревании до 40-100°C (NH_4Cl, $(NH_4)HCO_3$, $(NH_4)_2SO_4$).

Рассмотрен процесс карботермического восстановления ставролитового концентрата, установлены продукты реакций в системе Al-Si-C-O-Fe при различных режимах термообработки, а также возможности их разделения и дальнейшей переработки.

Физико-технические свойства полученных теплоизоляционных изделий на основе гранул:

из восстановленной кианитовой руды (кажущаяся плотность – 600 - 1050 кг/м^3; пористость – 62 - 75%, теплопроводность – 0,150 - 0,350 Вт/(м·К), прочность при сжатии 30 - 60 МПа;

из восстановленного ставролитового концентрата (кажущаяся плотность – 720 - 1070 кг/м^3; пористость – 58 - 70%, теплопроводность – 0,170 - 0,230 Вт/(м·К), прочность при сжатии до 4 МПа).

1 Особенности поведения кианита в псевдозакрытой системе Al₂O₃-SiO₂-C

Система Al_2O_3-SiO_2-C ведет себя как две формально независимые подсистемы SiO_2–C и Al_2O_3–C [1]. Карботермическое восстановление кианитовой руды предусматривает в качестве источника SiO_2 как кварц, присутствующий в качестве примеси, так и кристобалит, получающийся в процессе муллитизации, а при дальнейшем нагревании и сам муллит. В термодинамических расчетах рассматривались как твердые составляющие реакций (SiO_2, SiC и C), так и газообразные (SiO, Si, CO, CO_2 и O_2).

Температура муллитизации алюмосиликатного сырья зависит от состава примесей, атмосферы обжига и предварительной обработки, например, от размера частиц. Исходя из данных таблицы 1, приведен расчет этого важного показателя.

Таблица 1 - Термодинамические характеристики компонентов в реакции муллитизации кианита

	ΔH^0_{298} кДж/моль	ΔS^0_{298} Дж/(моль · К)	a Дж/(моль · К)	b·10³ Дж/(моль · К²)	c·10⁻⁵ Дж/(моль · К³)
Кианит	-2590	83.72	171.84	29.22	-52.16
Муллит	- 6816.9912	251.16	485.16	46.88	-154.88
Кристобалит	- 908.262	42.676	17.93	88.24	-

$$3 (Al_2O_3 \cdot SiO_2) \to 3Al_2O_3 \cdot 2 SiO_2 + SiO_2 \qquad (1)$$

$\Delta G^0_{298} = 32029.352$ Дж/моль, $\Delta H^0_{298} = 44.7468$ кДж/моль, $\Delta S^0_{298} = 42.676$ Дж/(моль · К)

$$\Delta C_p = \Delta a + \Delta b \cdot T + \Delta c \cdot T^{-2} \text{ Дж/(моль · К)};$$

Δa= -12.43 Дж/(моль · К); Δb·10³=47.46 Дж/(моль · К²); Δc·10⁻⁵= 1.6 Дж/(моль · К³)

$$\Delta G_T = \Delta H_0 - T\Delta S^0_{298} + \Delta a \cdot T(1 - \ln T) - 0.5\Delta b T^2 - 0.5\frac{\Delta c}{T} + y$$

$$\Delta H_0 = \Delta H^0_{298} - 298 \cdot \Delta a - \frac{298^2}{2}\Delta b + \frac{\Delta c}{298} = 46880.532 \text{ Дж/моль}$$

$$y = T\ln 298 \cdot \Delta a + 298T\Delta b - \frac{T\Delta c}{2 \cdot 298^2} = -53540 \text{Дж/(моль·К)}$$

$T_н$ = 938 К - с учетом $C_p = f(T)$ и $T_н$=1047 К - без учета $C_p = f(T)$

Изучению процесса карботермического восстановления кремнезема посвящены многие работы. Lee и Cutler исследовали кинетику восстановления диоксида кремния из рисовой шелухи [2]. Они обнаружили, что реакция между SiO_2 и углеродом с формированием SiC происходит по газовым фазам SiO и CO. Они также обнаружили, что реакции, протекающие на поверхности углерода, играют важную роль и контролируют кинетику всего процесса.

Biernacki и Wotzak изучали кинетику реакции молярной смеси 1:1 кристаллического кремния и углерода в атмосфере аргона и CO [3]. Они обнаружили, что хотя реакция преимущественно контролируется химической кинетикой, на нее влиял диффузионный массоперенос через реакционный слой твердых фаз.

Shimoo и др. исследовали механизм восстановления смесей кремнезема с графитом при температурах 1673 - 2073 К в атмосфере аргона [4]. Продуктами восстановления были, как карбид кремния, так и SiO. Они сообщили, что количество карбида кремния существенно возрастает с ростом температуры и соотношения $C:SiO_2$ в смеси. На ранней стадии восстановления, кинетическое уравнение для поверхностного контроля реакции применимо к реакции SiO_2 с графитом. Лимитирующей стадией считается химический процесс на поверхности частиц графита. Когда происходит реакция и сплошной слой карбида кремния формируется вокруг графитовых частиц, скорость восстановления определяется параболическим уравнением. Процесс контролируется диффузией углерода в SiC.

Krstic синтезировал субмикронные β-SiC порошки при реакции кремнезема и сажи в вакууме в диапазоне 1723 - 2073 К [5]. В этом исследовании было установлено, что основным механизмом выше 1723 К является реакция между газообразным SiO и C, причем скорость образования SiC контролируется скоростью образования SiO.

Qian и др. получили пористый карбид кремния с древесноподобной микроструктурой, при проникновении золя кремнезема в биоуглеродный материал из амурской липы и последующим карботермическим преобразованием в атмосфере аргона [6].

Исследователи процесса восстановления кремнезема выделяют несколько лимитирующих стадий [7-11]:

1) теплопередача;

2) диффузия в твердом состоянии;

3) скорость химической реакции;

4) скорость массопередачи;

а) диффузия газовых реагентов и продуктов из газовой фазы к внутренней поверхности реагирующих твердых частиц (внешняя массопередача);

б) диффузия газовых реагентов и продуктов через поры твердых продуктов реакции или частично прореагировавших твердых фаз (поровая диффузия);

5) скорость зарождения и роста кристаллов.

Weimer и др. показали, что теплопередача не является значимым фактором для небольших частиц [7]. Экспериментальная установка, использованная в исследовании, обеспечивала очень высокую скорость, необратимая реакция происходила менее чем за 10 секунд. При такой сверхвысокой скорости нагревания теплопередача не является лимитирующей стадией. Они установили, что диффузия в твердом состоянии была слишком низкой, чтобы заметно влиять на скорость восстановления.

Khalafalla и Haas проигнорировали поверхностную диффузию как лимитирующую стадию, влияющую на скорость восстановления [8]. Их эксперименты показали, что расплавленные силикаты имеют более низкую скорость реакции, нежели оставшиеся в твердом состоянии. Факт, что диффузия выше на порядок, чем в жидкой фазе, показывает, что она не является лимитирующей. Более низкая скорость восстановления у расплавленных силикатов может быть по нескольким причинам:

1) значительное снижение поверхности для реакции

2) поверхностное натяжение, которое снижает площадь контакта между жидкой фазой и частицами углерода

3) высокая вязкость расплавленных силикатов из-за сохранения их оригинальной структуры при переходе в жидкое состояние; она снижает смачиваемость частиц, таким образом, уменьшая площадь контакта.

Если устанавливать скорость химической реакции необходимо проверить следующие условия:

1) размер частиц в шихте (у маленьких скорость реакции больше)

2) скорость образования SiO

3) скорость образования SiC

Kevorkijan и др. полагают, что скорость лимитируется образованием монооксида кремния [9]. Lee и Cutler нашли зависимость между размером частиц кремнезема и скоростью реакции, обратив внимание на то, что образование SiO ограничивает реакцию [2]. Повышение скорости достигается за счет увеличения площади поверхности при снижении размера частиц кремнезема.

Chrysanthou и др. предположили, что скорость реакции зависит от эффективной поверхности кремнеземсодержащих частиц [10]. Вывод подтвердили следующим уравнением:

$$-\frac{dc}{c} = kdt,$$

где c - концентрация SiO_2 (моль/см^3), k –экспериментальная скорость реакции, t –время.

В работе [9] не отметили влияния размера частиц кремнезема на скорость реакции, возможно, это связано с особенностями эксперимента, т.к. частицы были инкапсулированы в газовые пузырьки и не имели контактов друг с другом. Найдена зависимость от размера частиц углерода и поэтому лимитирующей стадией назвали образование карбида кремния. Одним из выводов в этой работе связан с тем, что массоперенос контролирует процесс восстановления.

Ono и Kurachi отметили, что лимитирующей стадией является диффузия через слой карбида кремния [11]. Процесс описан двумя уравнениями для частиц, имеющих сферическую геометрию. Авторы акцентируют внимание на зависимости от процессов зарождения и роста реакционного продукта в твердом состоянии.

Рассмотрим реакции, в которых может принимать участие кремнезем, как присутствующий в качестве примеси в исходном сырье, так и образующийся в результате реакции муллитизации в процессе восстановительного обжига, термодинамические данные для ее компонентов приведены в таблице 2.

Таблица 2 - Стандартные значения энтальпии и энтропии реагирующих веществ

Реагирующее вещество	ΔH^0_{298}	ΔS^0_{298}
корунд	-1676.0577	50.92
γAl_2O_3	-1657	53.3
муллит	-6816.9912	269.575
SiC	-66.1	16.61
CO	-110.524	197.543
C	0	5.74
SiO_2 (кварц)	-910.94	41.84
SiO_2 (α- кристобалит)	-908.262	42.676
SiO_2(аморфный)	-896.84	47.86
SiO_2(тридимит)	-905.417	43.513
SiO	-103.3	211.46
Si	0	18.83
периклаз	-601.2408	26.94496
шпинель	-2300.7816	80.58384
кордиерит	-9158.3576	407.1032
CO_2	-393.51	213.68

Восстановление диоксида кремния в присутствии углерода инициируется высокотемпературной диссоциацией диоксида кремния на газообразные компоненты (реакция 2, таблица 3). Из двух реакций (3а), (2б) (таблица 3) первая энергетически более выгодна на величину половины энергии диссоциации молекулы кислорода и, следовательно, она более вероятна. Поэтому состав газовой фазы над диоксидом кремния при высоких температурах должен быть представлен следующими основными компонентами по убывающей доле их присутствия: SiO, O_2, O, что подтверждается высокотемпературными масс-спектрометрическими исследованиями: парциальные давления молекулярных форм пара над SiO_2 в условиях масс-спектрометрического эксперимента при температуре 1843K составили (Па): SiO: O_2: O: SiO_2 = 0.48:1.1x10^{-4}: 6x10^{-4}:4.8x10^{-4}, а при 1915К - 1.5:9.0x10^{-4}:3.2x10^{-3}:2.3x10^{-3} соответственно [20].

Таблица 3 - Термодинамические характеристики реакций в муллитографитовых образцах

№	Реакции	ΔG^0_{298} кДж/моль	ΔH^0_{298} кДж/моль	ΔS^0_{298} Дж/(моль· К)	$\Delta G^0_T =$ f(T)Дж/моль	$T_н,$ °C	
2	$SiO_2 \rightarrow SiO+0.5O_2$ а $SiO_{2т} \rightarrow SiO+O$ б	714.2	793.54	266.12	793540-266.12T 712685-225.09T		[12] [13]
3	Избыток кислорода: $O_2 + C \rightarrow CO_2$ Недостаток кислорода: $O_2 + 2C \rightarrow 2CO$	-394.37 -274.26	-393.51 -221.048	2.9 178.57	-393510-2.9T -221048-178.57 T		[14]
4	$C_к+CO_2 \rightarrow 2CO$	120.111	172.462	175.67	172462-175.67T	709	
5	$3Al_2O_3 \cdot 2SiO_2+2C \rightarrow 3 Al_2O_3 + 2 SiO + +2CO$	115.686	1361.22	689.711	1361220-689.71T	1700	[1,12]
6	$2SiO+C \rightarrow SiC + +SiO_2$	-660	-770.4	-370.21	-770400+370.21T -630423+294.27T	1808	[15,16] [17]
7	$SiO+C \rightarrow Si+CO$	-7.47	-7.224	-0.827	-7224+0.827T 46402-43.47T 7800-8.46T	794 649 830	[15,16] [12] [17]
8	$SiO+2C \rightarrow SiC+ +CO$	-70.70	-73.3	- 8.8	-73300+8.8T -29343-18.39T -24597-16.83T		[18] [17] [12]
9	$2SiO \rightarrow SiO_2 + Si$	- 584.1	-690.4	-356.2	-690400+ +356.2T	1665	[12]
10	$2SiO_2 + SiC \rightarrow 3SiO + +CO$	1224.917	1439.356	719.593	1439356 - 719.593T	1699	[19]
11	$3SiO+CO \rightarrow SiC+ +2SiO_2$	-124.5	- 1462	-729.96	- 1462000+ +729.96T		[12]

Присутствие в системе (образце) углерода может существенно повлиять на состав газовой фазы [21] согласно реакции (3) (таблица 2), так при 1873 К давление кислорода над углеродом упадет до величины порядка 10^{-12} атм, вместо 10^{-7} в его отсутствии [22]. При температуре выше 709°С может происходить взаимодействие выделяющегося диоксида углерода по реакции (4) (таблица 3) с углеродом [23]. При условии сохранения равновесия реакции (2) (таблица 3) на соответственное число порядков возрастет концентрация монооксида кремния в газовой фазе.

В случае наличия прямого контакта твердых фаз суммарный процесс может протекать по реакции (5) (таблица 3) или за счет взаимодействия кремнезема с CO по реакции (15) (таблица 4), но оба эти процесса, особенно второй, требуют высоких температур. $\Delta G_T^0 = $ f(T) и $T_н$ (температура равновесного состояния) для реакций определены без учета температурной зависимости теплоемкости.

Карбид кремния может образовываться при обжиге прессованных изделий в прямом контакте углерода с SiO_2 на границе контакта по реакции (14) (таблица 4). Поскольку карбид кремния образуется фактически на матрице SiO_2, то последующая реакция (10) (таблица 3) опять приведет к возврату SiO в систему. В результате оказывается, что основной контакт между реагентами осуществляется за счет переноса паров SiO на восстановитель, точно также как это имеет место при промышленном производстве карбида кремния [19,25] и при восстановительном обогащении кианита [26].

Монооксид кремния легко реагирует с углеродом с образованием карбида кремния по реакциям (6), (7), (8) (таблица 3). Так как образование карбида кремния происходит в результате взаимодействия паров SiO с углеродом, а улавливание газообразного монооксида кремния и связывание его в карбид происходит на поверхности углеродных частиц, то при высоком содержании последних общая площадь поверхности становится больше, и доля SiO, задерживаемого в системе возрастает [12].

В технологии карбида кремния указывается на участие паровой фазы над SiO_2 в образовании карбида кремния, но как следует из масс-спектрометрических измерений, пар над SiO_2 состоит в основном из SiO. При карбидообразовании наблюдаются значительные объемные изменения в образцах, особенно в поровом пространстве.

Таблица 4 - Реакции в системе SiO_2-C и их термодинамические характеристики

№ Реакции	ΔG^0_{298} кДж/моль	ΔH^0_{298} кДж/моль	ΔS^0_{298} Дж/(моль·К)	$\Delta G^0_T = f(T)$ Дж/моль	$T_н$, °C	Ссылка
12 $SiO_{2к}+C\rightarrow SiO+CO$	577.1	683.01	355.4	683010-355.4T	1649	[15, 16]
$SiO_{2к}+C\rightarrow SiO+CO$				639828-335.61T	1633	[17]
$SiO_{2ж}+C\rightarrow SiO+CO$				668213.28-326.32T	1775	[20]
13 $1/2\,SiO_{2ж}+C\rightarrow 1/2Si_{ж}+CO$				350435.16-180.87T	1664 1535	[20] [1]
14 $SiO_{2к}+3C\rightarrow SiC_к+2CO$ $1/2SiO_{2ж}+3/2C\rightarrow 1/2SiC_к+CO$	506.4	609.6	346.61	609600-346.61T 321797.44-171.58T	1486 1602 1255	[15, 16] [20] [1]
15 $SiO_{2к}+CO\rightarrow SiO+CO_2$	457.0	510.0	179.7	510000-179.7T 430540-138.36T	2565 2839	[15, 16, 24] [17]
16 $SiO_{2к}+2CO\rightarrow Si_к+2CO_2$	331.8	330.9	3.2	330900-3.2T		[24]

В связи с тем что в восстановительной среде кремнезем остается в аморфном состоянии до высоких температур в виде сфероидальных агрегатов размерами 20 — 100 мкм, а синтез β-SiC происходит с участием SiO и, возможно, высокоподвижной жидкой фазы, пористость графитсодержащих материалов будет снижаться в результате заполнения пор синтезирующимися новообразованиями, большая часть из которых представлена нитевидными кристаллами, что является косвенным подтверждением наличия жидкости наряду с образующимися твердыми фазами [27] .

Явления, подтверждающие образование жидкой фазы в процессе карботермического восстановления кремнезема при температурах существенно ниже точки плавления SiO_2, наблюдались в экспериментальном исследовании, проведенном Купером [28]. Автор полагает, что это расплав в системе SiO_2 — SiO. На возможность образования метастабильного расплава в системе SiO_2 — SiO при температурах ниже точки плавления SiO_2 указано также в данных [29]. Расчеты показывают, что образование расплава метастабильного состава в системе β-кристобалит — SiO может наблюдаться при температуре 1551 К [27].

При низком содержании кислорода во внутренних слоях образцов графитсодержащих материалов происходит восстановление SiO_2 до SiO, в результате чего может образоваться жидкая фаза переменного состава SiO_2 - SiO. Повышенное количество монооксида кремния во внутренних слоях материала интенсифицирует образование вторичного β-SiC, причем в механизме восстановления SiO_2 до SiO существенную роль играет контактное взаимодействие кремнезема и карбидизируемых зерен графита через кремнийкислородную жидкость [28]. Наличие подобных расплавов в керамических графитсодержащих матрицах приводит к интенсивному образованию β-SiC в виде нитевидных кристаллов [27].

Поскольку газообразный монооксид кремния, реагируя с углеродными частицами на поверхности, дает карбид кремния и монооксид углерода, постольку затем в газовой фазе могут идти реакции (17), (18), (19) (таблица 5), термодинамически разрешенные при низких температурах при условии присутствия паров CO [18].

Образующийся по реакциям (17), (18) (таблица 5) диоксид углерода CO_2 при высоких температурах (порядка 1000 К) легко конвертирует углерод или окисляет SiO с возвращением CO в систему реакции (20), (21) (таблица 5). Следовательно, в углероде засыпки и шихты для образцов наиболее вероятны реакции, изменение энергии Гиббса которых приведено на рисунке 1.

В данной работе гранулы из сырой кианитовой руды с добавками подвергают термообработке при 1350°C, муллит остается в структуре неизменным. В то время как диоксид кремния, присутствующий как в качестве примеси в руде, так и выделившийся в процессе муллитизации кианита претерпевает изменения.

Таблица 5 - Термодинамические характеристики реакций в системе SiO -
- CO(CO₂)

№	Реакции	ΔG^0_{298} кДж/моль	ΔH^0_{298} кДж/моль	ΔS^0_{298} Дж/(моль·К)	$\Delta G^0_T = f(T)$ Дж/моль	$T_н$, °С	Ссылка
17	$SiO + 3CO \rightarrow SiC + 2CO_2$	-319.932	-418.248	- 360.119	-418248+ +360.119T	888	[18]
18	$SiO + CO \rightarrow Si+ CO_2$	-127.091	-179.686	- 176.493	-179686+ +176.493T	745	[18]
19	$SiO+CO \rightarrow SiO_2 + +C$	-577.105	-683.016	- 355.403	-683016+ +355.403T	1649	[24] с.476
20	$CO_2 +C \rightarrow 2CO$	120.111	172.462	175.666	172462- 175.666T	709	[24] с.479
21	$SiO + CO_2 \rightarrow SiO_2 + CO$	-456.992	-510.554	-179.737	-456992+ +179.737T	2270	[24]

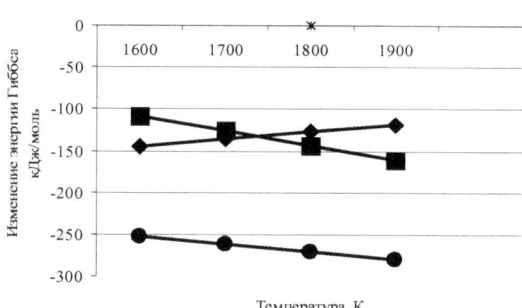

■ - $C+ CO_2 \rightarrow 2CO$; ♦ - $CO+ 0.5O_2 \rightarrow CO_2$; ● - $C+ 0.5O_2 \rightarrow CO$

Рисунок 1– Изменение энергии Гиббса в зависимости от температуры для реакций образования оксидов углерода

В гранулах возможны не только реакции восстановления SiO_2 углеродом, непосредственно приводящие к образованию карбида кремния (рисунок 2), но и реакции образования монооксида кремния при взаимодействии кремнеземистой части шихты с углеродом. Образование карбида кремния наиболее легко происходит в результате взаимодействия паров SiO с углеродом, за счет чего дополнительно сдвигается равновесие реакций образования самого монооксида кремния вправо.

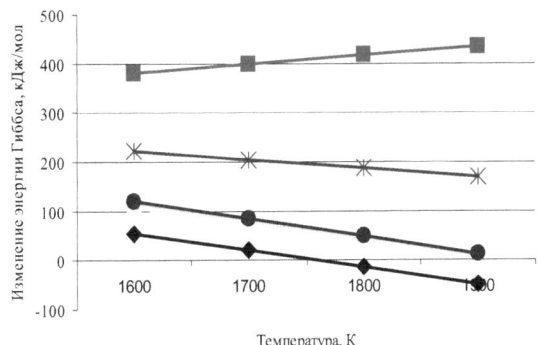

♦- SiO_2+ 3C→SiC+ 2CO; ■- SiO_2+4CO→SiC+3CO_2; ▲ - SiO_2+2C→Si+ 2CO; ▲ - SiO_2+C→SiO+CO; ×- SiO_2+CO→SiO+CO_2; ●- SiO_2 + Si → 2SiO

Рисунок 2 – Изменение энергии Гиббса в зависимости от температуры для реакций восстановления SiO_2

Улавливание газообразного монооксида кремния и связывание его в карбид происходит на поверхности углеродных частиц, при высоком содержании последних общая площадь поверхности становится больше, и доля кремния, задерживаемого в системе, возрастает (рисунок 3). Диффузия $SiO_г$ в объеме образца способствует переносу кремния по поровому пространству с последующей карбидизацией ($SiO_г$+2$C_{тв}$=$SiC_{тв}$+$CO_г$) или диспропорционированием (2$SiO_г$→SiO_2+Si).

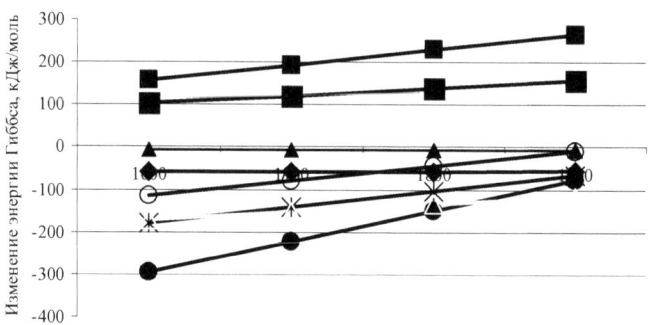

♦- SiO + 2C = SiC + CO; ■- SiO + 3CO→ SiC + 2CO₂; ▲-SiO + C= Si + CO; ▪ -
SiO + CO→ Si + CO₂; ○- SiO + CO→ SiO₂ + C; ●- 3SiO + CO→ SiC + 2SiO₂; ▲ -
SiO + CO₂→ SiO₂ + CO; x - 2SiO + C = SiC + SiO₂

Рисунок 3 – Изменение энергии Гиббса в зависимости от температуры для реакций восстановления SiO

2 Термостойкие огнеупоры из кианитовой руды

Ранее было показано, что повышения показателя термостойкости муллитосодержащих огнеупоров из кианитового концентрата можно добиться путем:

- введения в шихту углерода, который увеличивает теплопроводность и создает пластичную матрицу вокруг зерен муллита, позволяя ему деформироваться под воздействием меняющихся температур, не разрушая окружающий материал. На показатель термостойкости влияет соотношение антиоксидант : графит и активность исходных порошков;

- использования карбида кремния с более высоким значением теплопроводности, низким значением коэффициента термического расширения и отсутствием анизотропии по сравнению с муллитом;

- применения специальных добавок, например, в процессах формирования структуры воздействие карбида кремния увеличивается при совместном введении с отходом производства ферросилиция, основной составляющей которого является кремний. Последний в процессе обжига взаимодействует с СО восстановительной среды и в качестве продукта реакции получается карбид кремния, упрочняющий матрицу [29-31].

Любые воздействия на вещество сырьевых материалов предполагают с одной стороны, перевод химических элементов, отдельных фаз в то состояние, при котором реализуются и доминируют их полезные свойства, с другой стороны, максимальное уменьшение вредного влияния отдельных фаз на макрохарактеристики продукта. Большое значение приобретает изучение химических превращений веществ в системе компонентов, физико-химических закономерностей процессов фазообразования, происходящих в рамках традиционных или новых способов переработки сырья.

Природное сырье - гетерофазная система, часто требующая не только изучения взаимодействия основных компонентов, но и влияния на нее структурирующих добавок. Их использование обеспечивает не только формирование микроструктуры, которое позволяет добиться требуемых технических характеристик, но и процесс распределения примесей по структурообразующим фазам огнеупора, в результате чего достигается задаваемый уровень стабильности получаемых параметров.

В настоящей работе исследовано влияние неравновесных процессов на формирование структуры муллитосодержащих огнеупоров на основе кейвской кианитовой руды, роль структурирующих добавок и состава шихты на показатель термостойкости.

Были опробованы составы для получения муллитографитовых, муллитокарбидкремниевых и модифицированных муллитокордиеритовых материалов. Физико-технические свойства для некоторых составов шихты приведены в таблице 1.

Кейвские сланцы - крупнейшие в мире области концентрации кианита. Они представлены несколькими разновидностями. Продуктивными являются кианитовые, кварц-кианитовые и ставролито-кианитовые сланцы, образующие горизонт мощностью от 80 до 150 метров, прослеженный на протяжении 140 км.

В районе Кейв оценены 28 месторождений кианита, из числа которых более детально изучены Новая Шуурурта, Тяпш-Манюк, Червурта. Балансовые запасы кианитовых руд составляют 2.4 млрд т, прогнозные до глубины 200 м определены в 10 млрд т [32].

Наиболее крупным является месторождение Новая Шуурурта, запасы руды в котором составляют около 1 млрд т (при глубине подсчета запасов до 300 м). Среднее содержание кианита в руде 41,5%.

Минеральный состав сланцев: кианит 30-40% (колебания от 10-15 до 75-80%), мусковит, кварц, ставролит. Во вмещающих комплексах в больших скоплениях находятся: гранат, жильный кварц, амазонит, циркон.

Это алюмосиликатное сырье отличается от аналогов из других регионов мира по химическому и фазовому составам. Следовательно, его освоение требует рассмотрения особенностей физико-химических процессов как при получении известных продуктов со стандартными параметрами, так и новых материалов, с превосходящими характеристиками, а также научных подходов, которые позволяют оптимизировать существующие технологии.

Химический состав руды, мас. %: Al_2O_3 – 40.58, SiO_2 – 52.53, K_2O – 1.30, CaO – 1.54, TiO_2 – 1.15, Fe_2O_3 – 0.57, C – 2.33. Она подвергалась предварительному обжигу на брикет с добавками углерода и/или активного оксида алюминия, связка лигносульфонат.

В предыдущих исследованиях нами рассмотрена термодинамика процессов, протекающих в системе $Al_2O_3–SiO_2–C$, для продуктов муллитизации кианита $3(Al_2O_3 \cdot SiO_2) \rightarrow 3Al_2O_3 \cdot 2SiO_2 + SiO_2$. Экспериментально показано, что изучаемая система ведет себя как две формально независимые подсистемы $SiO_2–C$ и $Al_2O_3–C$ [1, 33, 34].

Для углерода в составе шихты наиболее вероятны реакции: $C + CO_2 \rightarrow 2CO$; $CO + 0.5O_2 \rightarrow CO_2$; $C + 0.5O_2 \rightarrow CO$.

Карботермическое восстановление кианитовой руды предусматривает в качестве источника SiO_2 как кварц, присутствующий в руде в качестве примеси, так и кристобалит, получающийся в процессе муллитизации. Сложный комплекс реакций протекает как в конденсированных, так и в газовых фазах. В псевдозакрытой системе Al_2O_3–SiO_2–C термодинамически наиболее вероятными являются реакции, приводящие к образованию карбида кремния [1].

Образование карбида кремния в восстановительных условиях обжига происходит в результате как прямого контакта SiO_2 с углеродом ($SiO_2 + 3C \rightarrow SiC + 2CO$), так и в результате взаимодействия паров SiO с углеродом ($SiO_2 + CO \rightarrow SiO + CO_2$; $SiO + 2C = SiC + CO$; $C + CO_2 \rightarrow 2CO$).

Первоначально скрытокристаллический карбид кремния возникает вокруг углеродистых зерен и по трещинам в них. Затем в результате диффузии силицирующего агента процесс перерождения углеродистого материала идет дальше [2-7]. На процесс влияют: размер частиц, наличие тесного контакта и тип углеродного восстановителя. Так как улавливание SiO и связывание его в карбид происходит на поверхности углеродных частиц, при высоком содержании последних общая площадь поверхности становится больше, и доля кремния, задерживаемого в системе, возрастает.

Углерод в составы шихты для получения брикета был введен в виде вибромолотого боя электродов и жидкого лигносульфоната, обжиг осуществляли при температуре 1350 -1450°С в засыпке из коксика. Далее в измельченный брикет из карбидизированного муллита и углерода в качестве антиоксидантов вводили добавки алюминиевой пудры и отхода производства ферросилиция (ОПФ), основной составляющей которого является кремний. На рисунке 4 приведена зависимость показателя термостойкости от состава брикета и вида антиоксиданта.

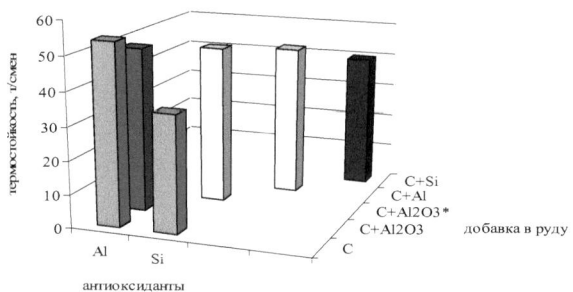

C – графит, Al_2O_3 и Al_2O_3*– сульфат и гидроксид алюминия, прокаленные при 800° C, Al – алюминиевая пудра, Si - ОПФ

Рисунок 4 – Зависимость термостойкости муллитографитовых материалов от вида и количества структурирующих добавок и антиоксиданта

Получены карбидизированные муллитографитовые огнеупоры (состав 1, 2 таблица 6), с показателем термостойкости до 50 теплосмен (1300°C - вода).

Исследованы муллитокарбидкремниевые материалы на основе руды с добавками алюминиевой пудры и оксида алюминия. Важное место в процессах формирования структуры принадлежит структурирующим добавкам, например SiC, эффект обусловлен более высоким значением теплопроводности, а также более низким значением коэффициента термического расширения и отсутствием анизотропии (λ= 30 Вт/(м ·К), α= 3.6x10^{-6} °К$^{-1}$) по сравнению с муллитом (λ = 3 - 3.5 Вт/(м·К), α_a = 5.2· 10^{-6} К$^{-1}$, $\alpha_в$ = 7.1· 10^{-6} К$^{-1}$, α_c = 2.4· 10^{-6} К$^{-1}$ при 298-1098 К), что создает предпосылки к уменьшению температурного градиента и напряжений внутри изделия при нагреве и охлаждении.

Эффективность структурирующего воздействия карбида кремния увеличивается при совместном введении с ОПФ. Введение последнего в шихту на основе брикета из руды способствует образованию в поровом пространстве SiC в результате реакционного спекания ($2Si+CO\rightarrow SiC+SiO$), экзотермический эффект реакции способствует дополнительной активации процесса (рисунок 5).

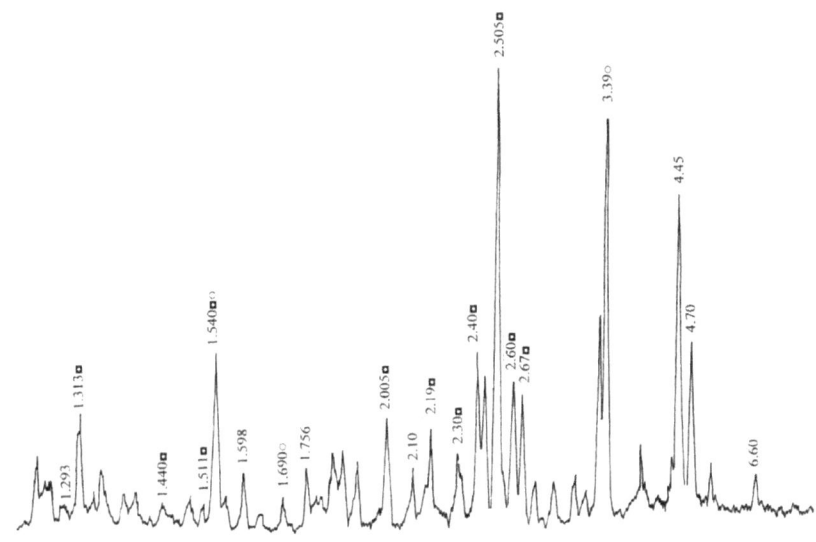

■ - карбид кремния; ○ - углерод

Рисунок 5 – Рентгенограмма отхода производства ферросилиция после восстановительного обжига

В этой реакции одна молекула SiC образуется вместо двух атомов Si, так как другой атом кремния удаляется из системы вместе с газом SiO, Это должно приводить к появлению большого числа вакансий и пор в кремнии рядом с границей раздела кремний - карбид кремния. Общий объем пустот должен быть примерно равен объему выросшей пленки. Таким образом, приповерхностный слой кремния будет пористым за счет того, что газообразный SiO покидает систему. Реакция хороша тем, что молекулы CO и SiO исключительно хорошо диффундируют через кристаллический SiC, что позволяет вести реакцию в твердой фазе. В результате реакционного спекания кремний, как основной компонент отхода производства ферросилиция, образует с монооксидом углерода в замкнутом объеме насыщающей среды карбид кремния в виде мелких частиц, которые армируют структуру муллитокарбидкремниевого огнеупора, являясь более активным компонентом, нежели вибромолотый SiC. В поровом пространстве и на контактах зернистого заполнителя с матричной составляющей образование сверхтонких частиц SiC обеспечивает дополнительные прямые связи в огнеупоре и способствует увеличению термостойкости.

Муллитокарбидкремниевый материал (состав 4, таблица 6) обладал термостойкостью до 30 теплосмен (1300°С - вода). Зависимость термостойкости огнеупорных материалов на основе брикета из кианитовой руды и активного оксида алюминия от вида, количества и гранулометрии добавок SiC и ОПФ приведена на рисунке 6.

Si – ОПФ

Рисунок 6 – Зависимость термостойкости муллитокарбидкремниевых материалов на основе брикета из кианитовой руды и алюминиевой пудры от вида и количества структурирующих добавок

Исследованы составы с добавлением в шихту активного оксида магния (каустического магнезита или прокаленного $Mg(OH)_2$). В структуре огнеупора синтезируется кордиерит, наличие его в микроструктуре огнеупора, с низким значением термического коэффициента линейного расширения ($\alpha = 0.5 \times 10^{-6}$ °К$^{-1}$) и отсутствием анизотропии по сравнению с муллитом ($\alpha_a = 5.2 \times 10^{-6}$ °К$^{-1}$, $\alpha_b = 7.1 \times 10^{-6}$ °К$^{-1}$, $\alpha_c = 2.4 \times 10^{-6}$ °К$^{-1}$), создает предпосылки к уменьшению температурного градиента и напряжений внутри изделия при нагреве и охлаждении. Муллит с высокими механическими характеристиками обеспечивает прочность изделий (предел прочности при сжатии – 400-500 МПа, при изгибе - 60-80 МПа, модуль упругости – 1-1.1 ГПа). На рисунке 7 приведена зависимость показателя термостойкости от состава структурирующей добавки на основе крупной фракции карбида кремния и ОПФ.

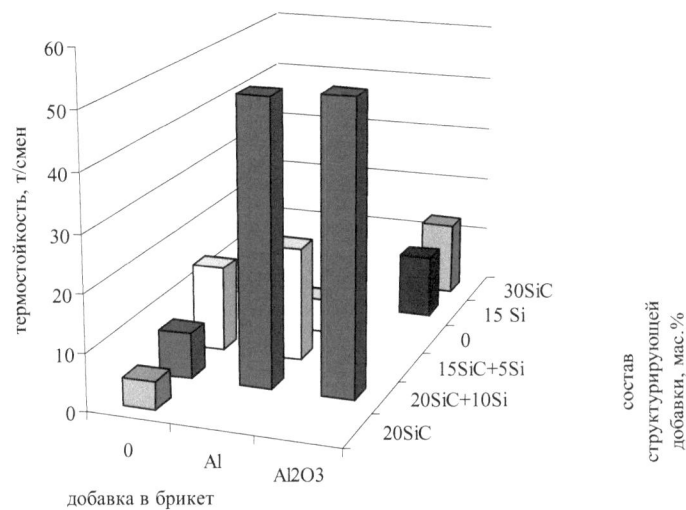

Рисунок 7 – Зависимость термостойкости муллитокордиеритовых материалов на основе брикета из кианитовой руды, оксида алюминия и алюминиевой пудры от вида и количества структурирующих добавок

Использование MgO, полученного из Mg(OH)$_2$ при 800°С, в брикете из кианитовой руды и алюминиевой пудры увеличивает показатель термостойкости для образцов, содержащих крупную фракцию карбида кремния и отход производства ферросилиция. Возможно, это связано с тем, что кордиерит реагирует с продуктами окисления SiC и повышает объемную стабильность материала в целом. Показатель термостойкости муллитокордиеритовых огнеупоров (состав 3, таблица 6) до 50 теплосмен (1300°С - вода) [35].

Таблица 6 – Свойства огнеупоров на основе кейвской кианитовой руды

№	Состав, мас.%	W* %	ρ* кг/м^3	По*, %	Термостойкость, теплосмены 1300 С - вода
Брикет из кианитовой руды и углерода (фр. 3-1 мм + менее 0.063 мм)					
1	85 брикет + 15 алюминиевая пудра	12	2020	24	54
Брикет из кианитовой руды, Al_2O_3 (из гидроксида, прокаленного при 800°C) и углерода (фр. 3-1 мм + менее 0.063 мм)					
2	90 брикет + 10 ОПФ	13	1980	26	47
Брикет из кианитовой руды и алюминиевой пудры (фр. 3-1 мм + менее 0.063 мм)					
3	55 брикет + 20 SiC (фр. 3-1 мм) + 10 ОПФ +15 MgO (из гидроксида, прокаленного при 800° C)	12	2150	26	50
Брикет из кианитовой руды и Al_2O_3 (из гидроксида, прокаленного при 800° C) (фр. 3-1 мм + менее 0.063 мм)					
4	70 брикет +20 SiC (фр. 3-1 мм) + 10 ОПФ	10	2160	22	29
5	55 брикет + 20 SiC (фр. 3-1 мм) + 10 ОПФ + 15 MgO (из гидроксида, прокаленного при 800° C)	12	2040	24	51

* ρ – плотность; W – водопоглощение; По - пористость

3 Теплоизоляционные материалы из кианитовой руды

Особое внимание следует обратить на выявление распределения компонентов в исходном сырье, разработку способов их концентрирования, синтез в присутствии технологических добавок в теле основной матрицы соединений, придающих повышенные эксплуатационные свойства изделиям и расширяющих пути эффективного использования некондиционного и обедненного сырья.

Авторами с использованием этого подхода получен ряд высокотермостойких муллитографитовых, муллитокордиеритографитовых, муллитокарбидкремниевых, муллитокордиеритовых огнеупоров [29-31, 33, 35, 36]. Для разработки прогрессивных высокотемпературных энергосберегающих материалов сформирована система значимых факторов, было показано, что термофизические характеристики керамических материалов связаны функциональной зависимостью с их плотностью [37]. Анализ имеющегося литературного материала и собственные эксперименты показали, что одним из важнейших факторов, в большой степени определяющим свойства таких систем, является структура. Причем пороговые изменения структуры могут реализоваться как путем изменения исходного минерального состава, так и за счет организации синтеза новых химических соединений в теле керамики, что часто приводит к кардинальному изменению ее свойств и технических характеристик.

Предварительные результаты в этом направлении были получены путем создания и идентификации новых фаз, синтезируемых в керамической матрице с учетом реакций их образования и структурных особенностей обедненного сырья [38]. Важнейшими факторами являются: организация внутреннего переноса вещества продуктами этих реакций, инициирование фазовых переходов в керамической матрице в процессе ее формирования, транспортные реакции. В качестве теоретического контроля процессов получения высокотемпературных теплоизоляционных материалов проведен термодинамический анализ реакций в системах Al_2O_3-SiO_2-C и $3Al_2O_3 \cdot 2SiO_2$ - MgO. Данные по стандартным значениям энтальпии и энтропии реагирующих веществ необходимые для расчетов $\Delta G_T^0 = f(T)$ взяты из литературы [15-17, 20, 24]. Изменение энергии Гиббса для реакций определены без учета температурной зависимости теплоемкости.

Цель исследования – обосновать и получить из необогащенной кианитовой руды теплоизоляционный материал с плотностью менее 1300 кг/м^3, теплопроводностью менее 0,5 Вт/(м·К) и пористостью более 60%.

В исследовании использовали богатую кианитовую руду Кейвского месторождения со следующими характеристиками состава, мас. %:

химический - Al_2O_3– 40.94, SiO_2 – 53.0, K_2O -1.31, CaO -1.57, TiO_2 - 1.16, Fe_2O_3– 0.58, C – 2.33;

гранулометрический - 32 (фр. 2.5-1 мм), 12 (фр.1-0.4 мм), 5 (0.4-0.315 мм), 10 (фр.0.315-0.16 мм), 14 (фр.0.16-0.063), 27 (менее 0.063 мм);

минералогический – кианит - 65, кварц - 25, примеси сопутствующих силикатов.

Основным компонентом шихты для получения теплоизоляционного материала была гранулированная кианитовая руда, обожженная в восстановительных условиях. При изготовлении гранул кианитовую руду использовали добавки лигносульфоната, углерода, элементарного кремния в виде отхода производства ферросилиция (ОПФ) и карбида кремния.

В углероде засыпки и шихты для образцов наиболее вероятны реакции, изменение энергии Гиббса которых приведено на рисунке 1.

Согласно данным минералогического анализа в руде наряду с кианитом присутствует кварц, кроме того, при обжиге происходит реакция муллитизации:

$$3 (Al_2O_3 \cdot SiO_2) \rightarrow 3Al_2O_3 \cdot 2 SiO_2 + SiO_2$$

В гранулах при 1350°C возможны не только реакции восстановления SiO_2 углеродом, непосредственно приводящие к образованию карбида кремния, но и реакции образования монооксида кремния при взаимодействии кремнеземистой части шихты с углеродом.

Образование карбида кремния наиболее легко происходит в результате взаимодействия паров SiO с углеродом, за счет чего сдвигается равновесие реакций образования самого монооксида кремния вправо. Улавливание газообразного монооксида кремния и связывание его в карбид происходит на поверхности углеродных частиц, при высоком содержании последних общая площадь поверхности становится больше, и доля кремния, задерживаемого в системе возрастает.

Диффузия $SiO_г$ в объеме образца способствует переносу кремния по поровому пространству с последующей карбидизацией ($SiO_г + 2C_{тв} = SiC_{тв} + CO_г$) или диспропорционированием ($2SiO_г \rightarrow SiO_2 + Si$).

Реакция восстановления муллита идет при температуре более 1350°C:

$3Al_2O_3 \cdot 2SiO_2 + 2C \rightarrow 3\ Al_2O_3 + 2\ SiO + 2CO\uparrow$

$\underline{2SiO + 4C \rightarrow 2SiC + 2CO\uparrow}$

$3Al_2O_3 \cdot 2SiO_2 + 6C \rightarrow 3\ Al_2O_3 + 2\ SiC + 4CO\uparrow$

$\Delta H^0_{298} = -3 \cdot 1657 - 2 \cdot 66.1 - 4 \cdot 110.524 + 6816.99 = 1271.694$ кДж/моль

$\Delta S^0_{298} = 3 \cdot 53.3 + 2 \cdot 16.61 + 4 \cdot 197.543 - 269.575 - 6 \cdot 5.74 = 679.277$ Дж/(моль· К)

$\Delta\ G^0_T = 1271.694 - 0.679277 \cdot T$ (кДж/моль)

При рентгенофазовом исследовании гранул из кианитовой руды и ее сочетания с графитсодержащими добавками, обожженных в засыпке из коксика обнаружены фазы, приведенные в таблице 7. Следует отметить, что на рентгенограммах материалов из шихты с графитсодержащими компонентами, линий кристобалита нет, вероятно, диоксид кремния находится в аморфном состоянии, так как химический анализ образцов показывает незначительное изменение содержания SiO_2.

Таблица 7 – Фазы в образцах на основе кианитовой руды после восстановительного обжига

Состав	муллит	кристобалит	SiC
Руда	+	+	
Руда +лигносульфонат	+		+
Руда + углерод	+		+

На основании исследования гранулированного материала можно сделать вывод о том, что наиболее вероятный ряд реакций в нем с точки зрения термодинамики: $C + CO_2 \rightarrow 2CO$; $CO + 0.5O_2 \rightarrow CO_2$; $C + 0.5O_2 \rightarrow CO$; $SiO_2 + C \rightarrow SiO_г + CO_г$; $SiO_2 + 3C \rightarrow SiC + 2CO$; $SiO + 2C \rightarrow SiC + CO$; $SiO_2 + CO \rightarrow SiO + CO_2$.

Для получения теплоизоляционных материалов из гранул различного состава готовили шихту, используя в ее составе элементарный кремний в виде отхода производства ферросилиция (ОПФ), алюмосиликатные полые микросферы (АСПМ), вермикулит.

Основной составляющей ОПФ является кремний, обладающий высокой реакционной способностью в изучаемых системах при выбранных условиях обжига. Последний, имея в условиях проведения экспериментов высокое давление паров, в результате реакционного спекания взаимодействует с монооксидом углерода и углеродом, в качестве продукта реакции тоже получается карбид кремния:

$2Si + CO\uparrow \rightarrow SiC + SiO\uparrow$

$\Delta G^0_{298} = -58876 + 298 \cdot 7.133 = -56750.366$ Дж/моль

$\Delta H^0_{298} = -66.1 - 103.3 + 110.524 = -58.876$ кДж/моль

$\Delta S^0_{298} = 16.61 + 211.46 - 2 \cdot 18.83 - 197.543 = -7.133$ Дж/(моль· К)

$\Delta G^0_T = -58.876 + 0.007133 \cdot T$ (кДж/моль)

В этой реакции одна молекула SiC образуется вместо двух атомов Si, так как другой атом кремния удаляется из системы вместе с газом SiO или переносится по матрице с последующим образованием также SiC. Это должно приводить к появлению большого числа вакансий и пор в кремнии рядом с границей раздела кремний - карбид кремния. Общий объем пустот должен быть примерно равен объему выросшей пленки. Таким образом, приповерхностный слой кремния будет пористым за счет того, что газообразный SiO переносится по системе. Реакция характеризуется тем, что молекулы CO и SiO исключительно хорошо диффундируют через кристаллический SiC, что позволяет вести реакцию в твердой матрице.

Алюмосиликатные полые микросферы (АСПМ) отобраны из золоотвала Апатитской теплоэлектростанции. АСПМ обладают совокупностью уникальных свойств: низкая плотность, малые размеры, сферическая форма, высокая твердость и температура плавления до 1600° C, химическая инертность и низкая теплопроводность порядка 0,1 Вт/(м · К). Основной компонент химического состава – SiO_2, поэтому мы рассмотрели реакции, которые могут протекать в данном материале, когда восстановителем в шихте является карбид кремния (рисунок 8).

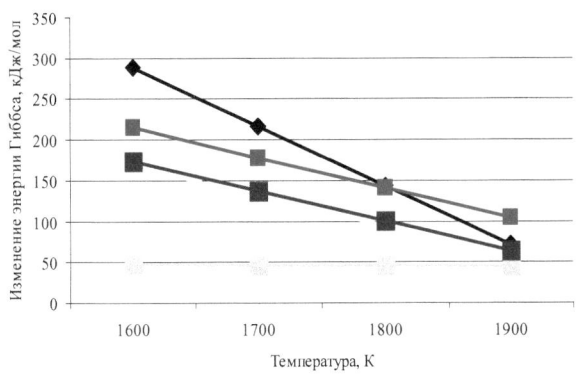

▨ - $SiO_г + SiC_{тв} = 2Si + CO_г$; ■ – $SiO_2 + SiC = Si + SiO_г + CO_г$; ▨ -$SiO_2 + SiC_{тв}$ = $2SiO_г + C$; ■- $SiO_2 + 2SiC \rightarrow 3Si + 2CO$; ♦- $2SiO_2 + SiC_{тв} = 3SiO_г + CO_г$

Рисунок 8 – Изменение энергии Гиббса в зависимости от температуры для реакций восстановления с SiC

При введении связки на основе активного оксида магния и дальнейшей температурной обработки происходит синтез муллитокордиеритовой матрицы, разрешенный термодинамически:

$2(3Al_2O_3 \cdot 2SiO_2) + 11SiO_2 + 6MgO \rightarrow 3(2MgO \cdot 2Al_2O_3 \cdot 5SiO_2)$

ΔG^0_{298} = -368405.6 +298·5.9704 = -366625.8208 Дж/моль

ΔH^0_{298} = -3·9158.3576+2·6816.9912+11·896.84+6·601.2408 = -368.4056 кДж/моль

ΔS^0_{298} =3·407.1032-2·269.57512-11·47.86-6·26.94496 = - 5.9704 Дж/(моль·К)

ΔG^0_T = -368.4056 +0.0059704·T (кДж/моль)

Формуемую массу готовили путем смешения огнеупорного наполнителя из гранул кианитовой руды различных составов с ОПФ (10 мас.%) и/или алюмосиликатными полыми микросферами (5 мас.%), вермикулитом (5-10 мас.%), активным оксидом магния и /или газообразователем. Последующее перемешивание смеси позволяет равномерно распределить компоненты во избежание ее комкования. При

33

этом снижается поверхностное натяжение связующей части формуемой массы, что приводит к ускоренному и более равномерному распределению частиц наполнителя в ней, которое успевает наиболее полно реализоваться в течение фактического периода твердения, а, следовательно, и более оптимальному перераспределению когезионно-адгезионного взаимодействия между составляющими единицами формуемой системы. Готовую композицию после смешения подвергают формованию по методу свободного литья в формы для получения пористой заготовки. Образцы подвергаются сушке в диапазоне температур 80- 250°С, до завершения процесса твердения, после чего форму разбирают и готовые изделия подвергают обжигу при температуре 1350°С. Результаты и физико-технических испытаний приведены в таблице 8.

Образцы на основе гранул из кианитовой руды и углерода без добавок хотя и обладают высокой пористостью и достаточно низкой плотностью, но их механическая прочность неудовлетворительна (состав 1, таблица 8). В случае введения в шихту алюмосиликатных полых микросфер образцы непрочные и не подлежат определению физико-технических характеристик. Не смотря на то, что образцы состава 2 (таблица 8) с добавкой ОПФ имеют несколько повышенную плотность и пониженную пористость, их механическая прочность возрастает.

Введение АСПМ совместно с ОПФ улучшает показатели свойств (сравните состав 2 и 3, таблица 8).

При введении хлорида аммония как газообразующей добавки совместно с ОПФ получены самые высокие характеристики в серии опытов (состав 4 таблица 8). Подобного эффекта пока не удалось достигнуть при совместном введении этих добавок с АСПМ (состав 5 таблица 8).

Предстоит продолжить опыты с вермикулитом (составы 6, 7 таблица 8), так как получены достаточно высокие характеристики.

Были исследованы материалы из гранул на основе кианитовой руды, углерода и ОПФ, из соображений, что находящийся Si в зоне реакции SiO_2+C увеличивает ее скорость согласно реакциям:

$$SiO_2 + Si \rightarrow 2SiO\uparrow$$
$$SiO_г + 2C_{тв} = SiC_{тв} + CO_г$$

Образцы из этих гранул в сочетании с вермикулитом имеют более низкую плотность и высокую пористость (сравните состав 9 и 6,7 таблица 8).

Были рассмотрены составы на основе гранул из кианитовой руды и углерода с добавкой карбида кремния. Сущность использования гранул этого состава заключается в том, что при введении SiC в шихту, содержащую диоксид кремния и углерод, монооксид кремния образующийся по реакции:

$SiO_2 + SiC = 2SiO_г + C$ (рисунок 5)

максимально улавливается в тех же гранулах по реакции

$SiO_г + 2C_{тв} = SiC_{тв} + CO_г$ (рисунок 4)

Не смотря на то, что показатели свойств этих материалов несколько ниже, чем у материалов аналогичного состава из вышерассмотренных гранул, механическая прочность образцов достигает 3 н/мм^2.

Зависимость показателей свойств теплоизоляционных материалов от состава добавки в шихту на основе гранул из кианитовой руды и углерода приведена на рисунке 9. Отметим, что введение АСПМ совместно с ОПФ улучшает показатели. При введении хлорида аммония как газообразующей добавки совместно с ОПФ получены самые высокие характеристики теплоизоляционного материала - плотность 600 кг/м^3, пористость 76 %, теплопроводность 0.153 Вт/(м·К).

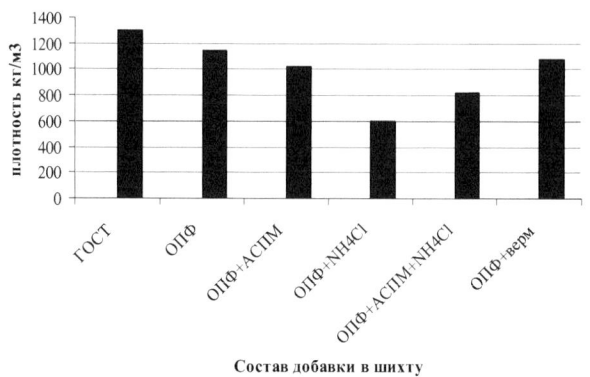

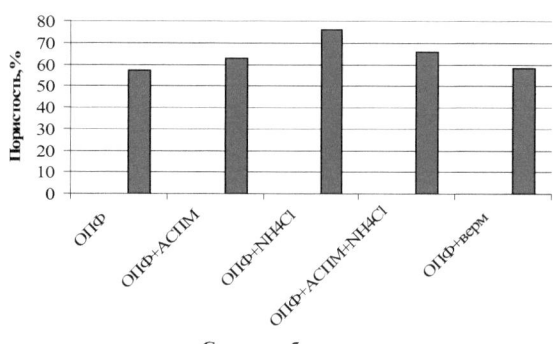

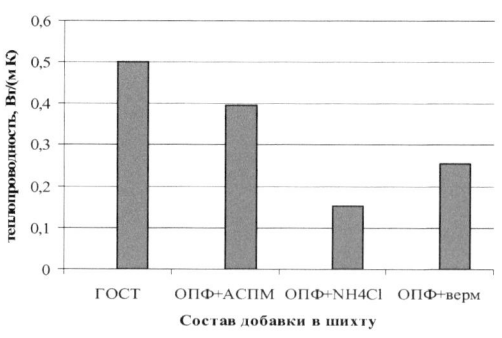

ГОСТ – ГОСТ Р 52803-2007; ОПФ- отход производства ферросилиция; АСПМ-
алюмосиликатные полые микросферы; верм - вермикулит; NH_4Cl -хлорид аммония

Рисунок 9 – Зависимость свойств теплоизоляционных материалов на основе
кианитовой руды и углерода от состава добавки в шихту

Таблица 8 – Физико-технические характеристики теплоизоляционных материалов на основе кианитовой руды

№	Добавка в шихту, мас.%	Свойства теплоизоляционного материала		
		Плотность, кг/м³	Пористость, %	Теплопроводность, Вт/(м·К)
Шихта на основе гранул из кианитовой руды и углерода				
1	-	900	67	
2	ОПФ - 10	1140	57	
3	ОПФ– 10 + АСПМ -5	1020	63	0.396
4	ОПФ– 10 + NH$_4$Cl	600	76	0.153
5	ОПФ – 10 + АСПМ - 5 + NH$_4$Cl	820	66	
6	Отход производства ферросилиция – 10 Вермикулит -5	1080	58	0.256
7	ОПФ – 10 + Вермикулит -10	1070	60	
Шихта на основе гранул из кианитовой руды, углерода и отхода производства ферросилиция				
8	АСПМ -5	1140	57	
9	Вермикулит -10	980	64	
Шихта на основе гранул из кианитовой руды, углерода и карбида кремния				
10	ОПФ – 10+ NH$_4$Cl	1150	49	
11	ОПФ – 10 + АСПМ - 5	1100	59	0.250
12	ОПФ – 10 + АСПМ - 5 + NH$_4$Cl	1090	57	0.285
13	АСПМ -5	930	66	

4 Легковесные муллитокордиеритовые материалы из карбидизированных гранул

В исследовании [34, 39] гранулы из кианитовой руды и углерода на лигносульфонатной связке обжигали в восстановительных условиях, далее к карбидизированным гранулам добавляли элементарный кремний в виде отхода производства ферросилиция (ОПФ), алюмосиликатные полые микросферы (АСПМ), вермикулит, порообразователь – NH_4Cl.

Использовали связку на основе активного оксида магния, при температурной обработке синтезируется кордиерит.

В результате реакционного спекания основная составляющая ОПФ взаимодействует с монооксидом углерода, в качестве продукта реакции получается карбид кремния: $2Si+CO\uparrow \rightarrow SiC+SiO\uparrow$. В этой реакции одна молекула SiC образуется вместо двух атомов Si, так как другой атом кремния удаляется из системы вместе с газом SiO, Это должно приводить к появлению большого числа вакансий и пор в кремнии рядом с границей раздела кремний - карбид кремния. Общий объем пустот должен быть примерно равен объему выросшей пленки. Таким образом, приповерхностный слой кремния будет пористым за счет того, что газообразный SiO покидает систему. Реакция хороша тем, что молекулы CO и SiO исключительно хорошо диффундируют через кристаллический SiC, что позволяет вести реакцию в твердой фазе [40]. Образующийся активный карбид кремния благоприятствует усадке изделий, а экзотермический эффект реакции способствует дополнительной активации процесса [41].

В целом создание высокопористой керамической структуры было обеспечено: собственной пористой микроструктурой гранул и добавкой зольных микросфер; физико-химическими процессами, протекающими с увеличением объема (синтез муллита в гранулах и кордиерита при введении связки из активного оксида магния); применением химических газообразователей, аммониевых солей минеральных кислот (NH_4Cl, $(NH_4)HCO_3$, $(NH_4)_2SO_4$), выделяющих NH_3 и / или CO_2 при нагревании до 40-100°C.

Свойства полученных материалов: кажущаяся плотность – 600 - 1150 кг/м^3; пористость – 60 - 76%, теплопроводность – 0,153 - 0,285 Вт/(м·К) при 25°C, прочность при сжатии до 4 МПа [8, 9].

Прочность этих материалов была невысокой, поэтому исследования продолжили, изменив состав гранул и последовательность операций при их подготовке. Порообразователи - композиции из аммониевых солей минеральных кислот [42].

Шихта для гранулирования отличалась последовательностью введения углерода и алюминиевой пудры (таблица 9).

Таблица 9 – Сырье для исходных гранул и последовательность подготовки к гранулированию

Гранулы	Сырье для гранул	Последовательность подготовки к гранулированию
КРУ	Кианитовая руда + углерод	Кианитовую руду затворяли ЛСТ, перемешивали, затем вводили углерод и гранулировали
КРУ 1	Кианитовая руда + углерод	Кианитовую руду смешивали с частью углерода и ЛСТ, вылеживали, добавляли остаток углерода и ЛСТ, вылеживали и гранулировали
КРУ 2	Кианитовая руда + углерод	В смесь совместного помола из кианитовой руды и углерода вводили ЛСТ, вылеживали, гранулировали
КРУА	Кианитовая руда + углерод + алюминиевая пудра	Сухую смесь перемешивали, вводили ЛСТ и гранулировали
КРУА 1	Кианитовая руда + углерод + алюминиевая пудра	Кианитовую руду смешивали с частью углерода и алюминиевой пудрой, затворяли частью ЛСТ, затем вводили остаток углерода и ЛСТ, гранулировали
КРУА 2	Кианитовая руда + углерод + алюминиевая пудра	Кианитовую руду смешивали с частью углерода и затворяли ЛСТ, добавляли алюминиевую пудру, вылеживали и затем вводили остаток углерода, гранулировали
КРУА 3	Кианитовая руда + углерод+ алюминиевая пудра	В состав шихты на основе гранул КРУА 2 введены сырая руда и часть алюминиевой пудры

Обжиг гранул при 1350°C в восстановительной среде, выдержка при конечной температуре 2 часа. Карботермические реакции в условиях восстановительной среды для псевдозакрытой системы Al_2O_3 - SiO_2 – C приводят к образованию карбида кремния.

Этот специфичный алюмосиликатнокарбидкремниевый керамический фракционированный материал интегрирован в получение теплоизоляционного муллитокордиеритового огнеупора. Для получения кордиеритовой составляющей в состав вводили связку на основе активного оксида магния (прокаленный гидроксид магния; каустический магнезит ПМК-90 и ПМК-83 по ГОСТ 1216-87)

Массу для литья в формы готовят путем смешивания огнеупорного наполнителя из гранул кианитовой руды различных составов с отходом производства ферросилиция (10 мас.%) и активным оксидом магния. В качестве порообразователя, использованы смеси аммониевых солей минеральных кислот.

Интенсивное перемешивание позволяет равномерно распределить компоненты во избежание их комкования. Готовую композицию после смешивания подвергают формованию по методу свободного литья в формы для получения пористой заготовки.

Образцы подвергаются сушке в диапазоне температур 50-60°C при введении в шихту $(NH_4)HCO_3$, и до 160°C с другими порообразователями для завершения процесса твердения, после чего форму разбирают, и готовые изделия обжигают в графитовом тигле при температуре 1250°C. Для составов с $(NH_4)_2SO_4$ производят выдержку при 320-355°C, температуре разложения этого соединения. Физико-технические свойства образцов приведены в таблице 10. Наилучшие результаты по прочности теплоизоляционных материалов получены при использовании поризатора из смеси NH_4Cl и $(NH_4)_2SO_4$ и магнезиальной связки ПМК-90. Зависимость прочности от вида гранул, поризатора и магнезиального связующего приведены на рисунке 10.

Таблица 10 – Свойства теплоизоляционных материалов на основе гранул из кианитовой руды

№ п/п	Связка	Количество поризатора, мас.%			Свойства		
		NH_4Cl	NH_4HCO_3	$(NH_4)_2SO_4$	Плотность кг/м³	Пористость, %	σ *, МПа
Гранулы КРУ							
	ПМК-90	18	2	-	990	63	14.5
	ПМК-90	15	-	5	1160	56	60.0
	MgO	15	-	5	1010	62	35.0
Гранулы КРУ 1							
	ПМК-90	18	2	-	900	65	55
	MgO	18	2	-	940	64	30
	ПМК-90	15	-	5	1020	63	57
	MgO	15	-	5	1050	61	48
Гранулы КРУ 2							
	MgO	18	2	-	990	63	28
	MgO	15	-	5	1100	60	32
Гранулы КРУА							
	ПМК-90	15	-	5	1140	56	60.0
	MgO	15	-	5	1090	60	20.5
Гранулы КРУА 1							
	ПМК-90	18	2	-	1070	61	38.0
	MgO	18	2	-	990	65	30.0
	ПМК-90	15	-	5	1030	60	70
	MgO	15	-	5	960	71	49.0
Смесь гранул КРУ и КРУА							
	ПМК-90	15	2	3	1000	64	43.0
	MgO	15	2	3	1000	64	41.5
ГОСТ Р 52803-2007 «Изделия огнеупорные теплоизоляционные. Технические условия»							
МЛТ 1,3	Теплопроводность при 350°С - 0,5 Вт/(м·К)				1300	Не нормируется	3

σ * - прочность при сжатии; магнезиальное вяжущее (активный оксид магния и каустический магнезит ПМК-90 (ГОСТ 1216-87)

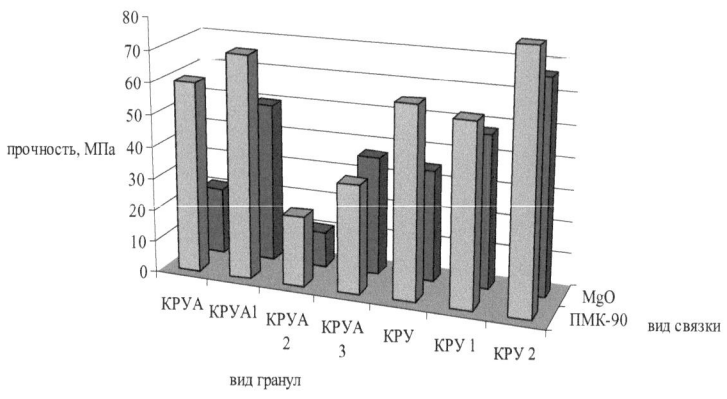

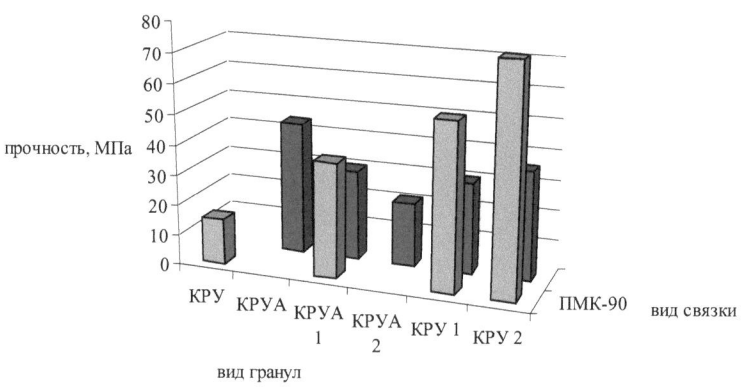

Количество поризатора, мас.%: 1- 15 $NH_4Cl+5(NH_4)_2SO_4$; 2-18 NH_4Cl+2 NH_4HCO_3

Магнезиальное связующее: MgO- оксид магния из прокаленного гидроксида; ПМК-90 - каустический магнезит

Рисунок 10 - Зависимость прочности от вида гранул, поризатора и магнезиального связующего

5 Карботермическое восстановление ставролита

Ставролит – железо-алюминиевый гидросиликат, который широко распространен в магматических породах Кольского полуострова. На основании модели структуры Нарай – Шабо состав минерала может быть выражен формулой - $Fe(OH)_2 \cdot 2Al_2SiO_5$ или $Fe \cdot Al_4[SiO_4]_2O_2[OH]_2$. По структуре кристаллической решетки относится к типу силикатов с изолированными тетраэдрическими группами $[SiO_4]^{4-}$ соединяющимися через катионы (Fe^{2+} и Al^{3+}) находящиеся в четверной и шестерной координации; избыточные валентности компенсируются добавочными анионами O^{2-} и $(OH)^-$ (островной силикат). Кианитовый и Fe - Al гидроксидный слой, по современным представлениям железо представлено двухвалентной формой. В природной форме трехвалентное железо может встречаться от 2 до 5 % . Некоторые исследователи рассматривают его как потенциальное небокситовое сырье для производства алюминия [43].

В настоящее время ставролит применяется в производстве различных сплавов, разработана технология использования его в качестве флюса в черной металлургии [44, 45]. Ставролит не содержит токсичных, в первую очередь, фтористых и взрывоопасных соединений, не гигроскопичен, поэтому считается перспективным сырьем для производства заменителя флюорита, традиционно применяемого в черной металлургии флюса-разжижителя. Использование ставролита позволит улучшить экологическую обстановку в металлургическом производстве.

Мурманская область обладает огромными ресурсами ставролита в кристаллических сланцах Кейв. В ставролитовых сланцах Больших Кейв содержание ставролита варьирует от 8 до 40 %, что позволяет оценить его ресурсы до глубины 100 м около 4 млрд. т. Кроме того в кианитовых рудах Кейв ресурсы ставролита составляют около 100 млн т. Технология переработки кианитовых руд предусматривает извлечение ставролита, поскольку он относится к вредным примесям [46]. Таким образом, промышленное использование кианитовых руд неизбежно приведет к получению ставролитового концентрата.

Главные минералы в составе ставролитовых сланцев – плагиоклаз, кварц, ставролит, мусковит, кианит, примеси - хлорит, ильменит, рутил и др. Химический состав сланца (мас.%): SiO_2 –52,73-53,65; TiO_2 – 0,64-0,66; Al_2O_3 –27,69-28,71; FeO – 12,76-13,18; MgO – 2,04-2,26; ZnO – 0,07-0,13; MnO – 0,09-0,13.

Для широкого практического применения ставролита необходимо создание надежной сырьевой базы и установление его поведения в условиях протекания металлургических процессов. С освоением сырьевого потенциала ставролита перед Мурманской областью открывается перспектива монопольного обеспечения ставролитовым сырьем металлургических заводов северо-запада России. Использование ставролита в металлургической промышленности резко увеличивает значение Кейв, как источника комплексных руд [47].

Цель настоящего исследования – рассмотреть процесс восстановления ставролитового концентрата с позиций термодинамики в условиях, приближенных к металлургическим процессам, установить продукты реакций в системе A1-Si-C-O-Fe при различных режимах термообработки, а также возможности их разделения и дальнейшей переработки.

В работе использован рядовой ставролитовый концентрат, полученный ручной разборкой: $A1_2O_3$ -43,21; SiO_2 -35,84; FeO -15,07; MgO -1,53; TiO_2 -1,17; $\Delta_{прк}$ – 2,0; CaO -0,12; Na_2O -0,36. Рентгеноструктурный анализ показал присутствие в концентрате ставролита примеси кварца (рисунок 11).

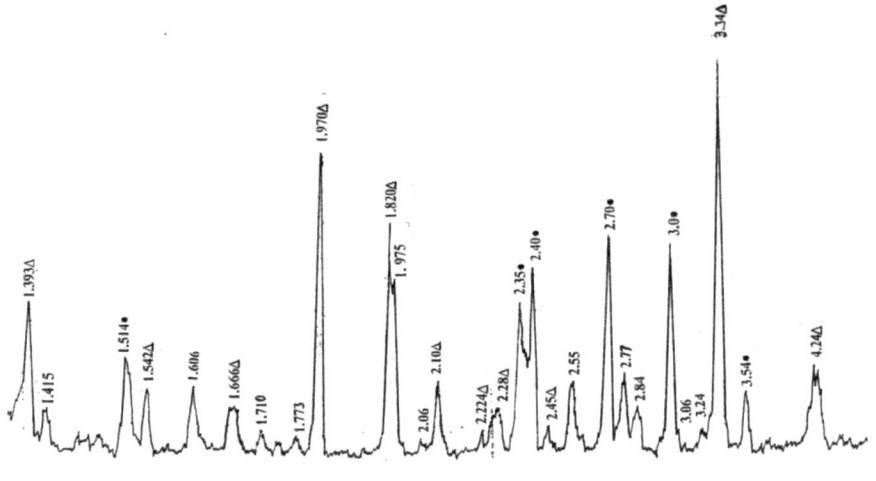

● – ставролит; Δ - кварц

Рисунок 11 – Рентгенограмма исходного ставролитового концентрата

Рассмотрены особенности карботермического восстановления алюмосиликатной и железистой частей шихты из ставролитового концентрата. В результате реакций в системе Al_2O_3 - SiO_2 – FeO - C происходит образование in situ карбида кремния и железа. После отмагничивания, алюмосиликатнокарбидкремниевый материал использован в шихте для получения теплоизоляционного муллитокордиеритового огнеупора, исследованы его свойства.

Концентрат в смеси с углеродом подвергался обжигу в восстановительной среде. Рассмотрим поведение его основных компонентов в системе Al-Si-C-O-Fe, исходя из приведенного химического анализа на базе предполагаемых частных реакций. Данные для термодинамического анализа приведены в таблице 11.

Таблица 11 - Стандартные значения энтальпии и энтропии реагирующих веществ [15]

Реагирующее вещество	ΔH^0_{298}	ΔS^0_{298}
CO	-110.524	197.543
C	0	5.74
SiO	-103.3	211.46
Si	0	18.83
SiC	-66.1	16.61
SiO_2(аморфный)	-896.84	47.86
FeO	-265	60.79
Fe	0	271.723
Fe_3O_4	-1117.128	146.188
Fe_2O_3	-825.4	87.53
FeSi	-76.567	46.024
Fe_5Si_3	-192.464	209.618
CO_2	-393.51	213.68

На первых стадиях термообработки концентрата в смеси с углеродом при температуре 1450°C, идет муллитизация алюмосиликатной части ставролита, как и при обжиге кианита. В системе наряду с муллитом появляется свободный диоксид кремния, исходный ставролит по рентгеновскому спектру не идентифицируется. Оксид алюминия в условиях проводимых нами экспериментов ведет себя независимо от остальных оксидов. Оксиды железа и кремния в этих условиях химически активны: по мере протекания процессов восстановления появляются металлическое железо и карбид кремния, которые идентифицируются по рентгеновским спектрам и визуально наблюдаются на микрофотографиях (рисунки 12а, 15а).

Диоксид кремния, образовавшийся в процессе муллитизации, при высокотемпературной диссоциации обладает окислительным потенциалом более высоким, чем моно- и полуторные оксиды железа, и способен окислять последние. Но в присутствии углерода SiO_2 реагирует с ним с образованием карбида кремния. Реакция $SiO_2 + 3C \rightarrow SiC + 2CO$ является основной при наличии прямого контакта между SiO_2 и C, при этом же условии выше 1600°C образуется элементарный кремний (рисунок 12). С появлением в системе Si-C-O-Fe металлического железа она становится бивариантной, газовая фаза - многокомпонентной, и в условиях высоких температур основными компонентами газовой фазы являются SiO и CO [22, 33, 36], а в процессах образования SiC и Si участвуют реакции $SiO_г + 2C_{тв} = SiC_{тв} + CO_г$ и $SiO_г + C_{тв} = Si_{тв} + CO_г$ (рисунок 11, 12).

Восстановление железосодержащей части ставролита имеет свои особенности. Для оксидов железа известна реакция диспропорционирования [48]:

$4FeO \rightarrow Fe_3O_4 + Fe$

$\Delta G^0_T = -57.128 - 0.175T$

Образующийся при этом магнетит восстанавливается в вюстит:

$Fe_3O_4 + CO \rightarrow 3FeO + CO_2$

$\Delta H^0_{298} = -3 \cdot 265 - 393.51 + 1117.128 + 110.524 = 39.142$ кДж/моль

$\Delta S^0_{298} = 3 \cdot 60.79 + 213.68 - 146.188 - 197.543 = 52.319$ Дж/(моль· К)

$\Delta G^0_T = 39.142 - 0.0523 \cdot T$ (кДж/моль)

$Fe_3O_4 + C \rightarrow 3FeO + CO$

$\Delta H^0_{298} = \cdot -3 \cdot 265 - 110.524 + 1117.128 = 211.60$ кДж/моль

$\Delta S^0_{298} = 3 \cdot 60.79 + 197.543 - 146.188 - 5.74 = 227.985$ Дж/(моль· К)

$\Delta G^0_T = 211.60 - 0.227 \cdot T$ (кДж/моль)

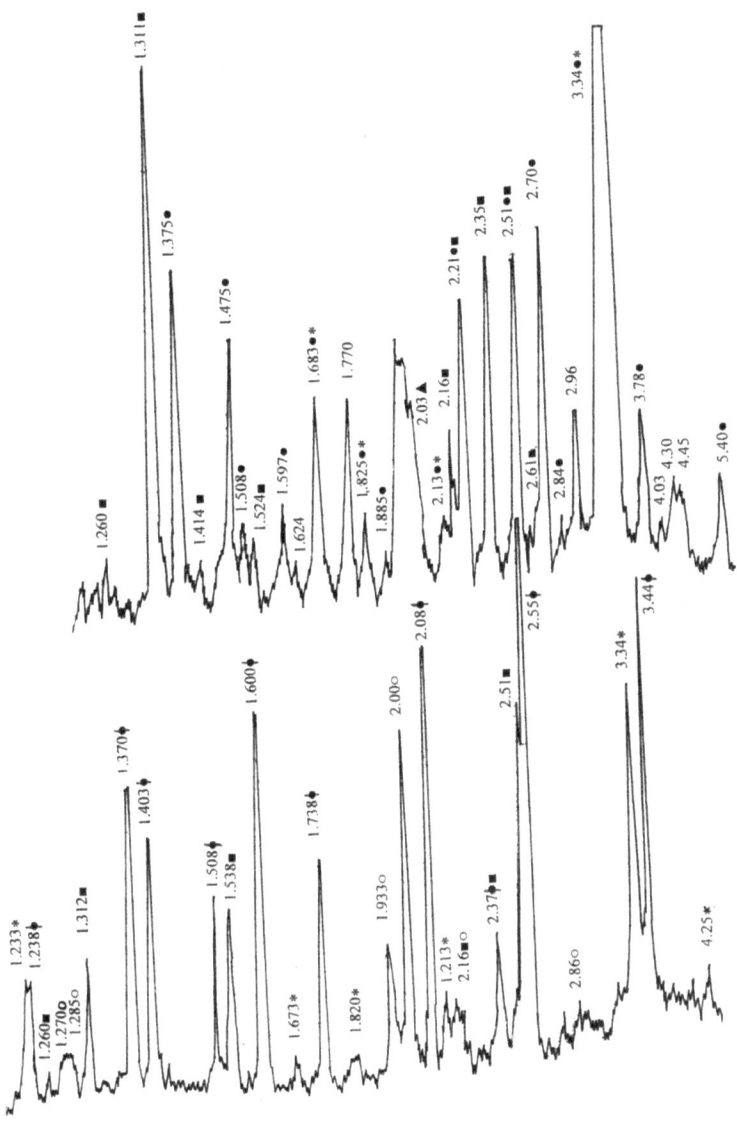

б

● – муллит; ¢ - корунд; ■ – карбид кремния; * - углерод; ▲ - железо; ○ – силицид железа

Температура термообработки (°C): а- 1450; б – 1650

Рисунок 12 – Рентгенограммы восстановленных образцов на основе ставролитового концентрата

Монооксид углерода восстанавливает железо из оксидных соединений при 600-650°С, выше 950°С восстановление возможно за счет твердого углерода [48], но термодинамически восстановление разрешено при более низких температурах:

$FeO+CO \rightarrow Fe+CO_2$
ΔH^0_{298}= -393.51+265+110.524= -17.986 кДж/моль
ΔS^0_{298} = 271.723+213.68 -60.79 -197.543= 227.07 Дж/(моль· К)
ΔG^0_T= -17.986 - 0.227 ·Т (кДж/моль)

$FeO+C \rightarrow Fe+CO$
ΔH^0_{298}= -110.524 +265= 154.476 кДж/моль
ΔS^0_{298} = 197.543+271.723 -60.79 -5.74= 402.736 Дж/(моль· К)
ΔG^0_T= 154.476 – 0.403 ·Т (кДж/моль)

На рисунке 13 приведены зависимости изменения энергии Гиббса от температуры для реакций восстановления оксидов железа.

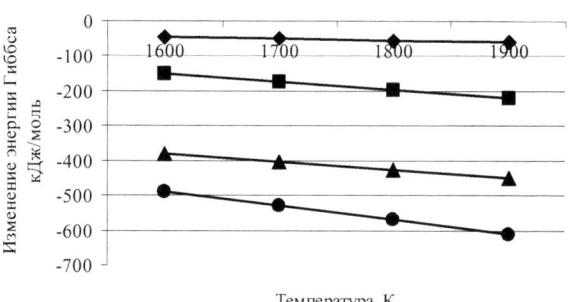

◊- $Fe_3O_4 +CO \rightarrow 3FeO +CO_2$; □ - $Fe_3O_4 +C \rightarrow 3FeO +CO$;
∆ - $FeO+CO \rightarrow Fe+CO_2$;● - $FeO+C \rightarrow Fe+CO$

Рисунок 13– Изменение энергии Гиббса в зависимости от температуры для реакций восстановления оксидов железа

Термодинамически реакция FeO с CO более вероятна, чем

$SiO_{2\text{к}}+4CO \rightarrow SiC+3CO_2$

ΔH^0_{298}= -66.1 +3·(-393.51)+896.84+ 4·(110.524)= 92.306 кДж/моль

ΔS^0_{298} = 16.61+3·(213.68)-47.86- 4·(197.543) = -180.382 Дж/(моль· К)

ΔG^0_T= 92.306+0.18·T (кДж/моль)

Она может протекать при низких температурах, но для этого требуется восстановительный газ CO, который в исходном состоянии отсутствует и в железисто-силикатной системе образуется совместно с SiO, но для этого требуются высокие температуры. В доменных процессах CO генерируется за счет конверсии угля кислородом воздуха, а процессы восстановления частично идут в расплавах.

Восстановителями FeO служат не только оксид углерода и углерод, но и соединения кремния (рисунок 14):

$FeO+SiO = Fe + SiO_2$

ΔH^0_{298}= -896.84+265+103.3= -528.54 кДж/моль

ΔS^0_{298} = 271.723+47.86-60.79 -211.46= 47.33 Дж/(моль· К)

ΔG^0_T= -528.54 - 0.047 ·T (кДж/моль)

$2FeO + Si = 2Fe + SiO_2$

ΔH^0_{298}= -896.84+2·265= -366.84 кДж/моль

ΔS^0_{298} = 2·271.723+47.86 -2·60.79 -18.83= 450.896 Дж/(моль· К)

ΔG^0_T= -366.84 - 0.451 ·T (кДж/моль)

$3FeO + SiC = 3Fe + SiO_2 +CO$

ΔH^0_{298}= -896.84-110.524+3· 265+66.1= -146.264 кДж/моль

ΔS^0_{298} = 3· 271.723+47.86+187.543-3· 60.79-16.61= 867.594 Дж/(моль· К)

ΔG^0_T= -146.264 - 0.861· T (кДж/моль)

$FeO + SiC = FeSi +CO$

ΔH^0_{298}= -76.567-110.524+265+66.1=144.009 кДж/моль

ΔS^0_{298} = 46.024+197.543-60.79-16.61=166.167 Дж/(моль· К)

ΔG^0_T= 144.009 – 0.166 · T (кДж/моль)

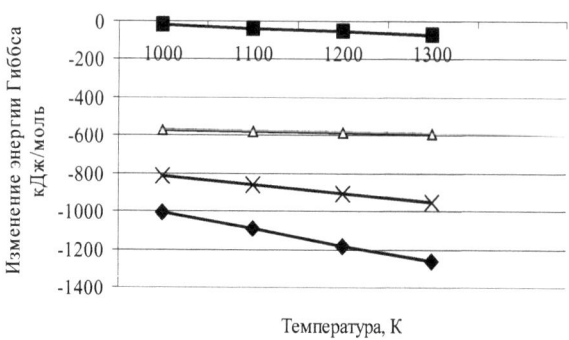

Δ - $FeO + SiO = Fe + SiO_2$; x - $2FeO + Si = 2Fe + SiO_2$; $\square$ - $3FeO + SiC = 3Fe + SiO_2 + CO$; $\Diamond$ - $FeO + SiC = FeSi + CO$

Рисунок 14 – Изменение энергии Гиббса в зависимости от температуры для реакций восстановления вюстита

Протекание восстановительного процесса за счет кремния термодинамически более предпочтительно, но кинетически могут выигрывать реакции с монооксидом углерода, а при прямом контакте реагентов и с элементарным углеродом, т.е. результат зависит от конкретных условий проведения процесса. Тем не менее из приведенного рассмотрения следует, что восстановление железа в железосиликатной системе при температуре 1450 °C протекает с участием кремния. Сложность процесса восстановления в системе Fe-Si-O связана с тем, что давление пара над диоксидом кремния выше, чем над оксидами железа, поэтому железо является восстановителем для кремнезема, однако восстановление кремнезема железом приводит к сравнительно малым концентрациям кремния в железе. В присутствии углерода избыточный кислород отводится в виде газообразного оксида углерода, сдвигая равновесие в сторону образования восстановленных форм кремния, поэтому в присутствии углерода окислительная способность кремнезема нивелируется (рисунки 12а, 15а). При повышении температуры в системе Si-C-O-Fe до 1650°C интенсифицируются не только реакции восстановления исходных компонентов, но и возрастает растворимость кремния в железе. Получить чистое металлическое железо в железокремнистой системе затруднительно, поскольку восстановленное железо соединяется с кремнием с образованием целого набора силицидов (Fe_3Si, Fe_2Si, Fe_5Si_3, $FeSi$, $FeSi_2$). например, по реакции [49]:

$$5Fe + 3Si = Fe_5\ Si_3$$
$$\Delta\ G^0_T = -192.464 + 1.205 \cdot T$$

В результате обжига ставролита с избытком углерода в прессованных образцах практически все восстановленное железо переходит в силицид, а присутствующий в исходной шихте оксид алюминия - в корунд. Так что окончательный продукт карботермического восстановления при 1650°C содержит силицид железа, корунд и карбид кремния (рисунки 12б, 15б).

Полученные факты согласуются с известными ранее результатами по установлению состава фаз в системе железо—кремний. Хан еще в 1864 г. писал о силицидах Fe_2Si, $FeSi$ и $FeSi_2$. Чэлмот (1897 г.) обнаружил Fe_3Si_2. Карно и Гуталь (1897 г.) предположили, что существуют соединения Fe_5Si_2 и Fe_3Si, Наске назвал силицид $FeSi_3$, Гюртлер и Тамман (1905 г.) дали диаграмму состояния сплавов Fe—Si, включавшую три силицида железа: Fe_3Si, Fe_2Si и $FeSi$.

Позднейшими исследованиями было подтверждено существование $FeSi$, соединения, отмечаемого на диаграмме состояния конгруэнтной точкой плавления, а также Fe_3Si_2 и Fe_3Si в твердом виде (Fe_3Si_2 и η-фаза - ниже 1030°C). А. В. Вертман и А. М. Самарин из магнитных измерений жидких сплавов заключили, что до 1600° имеется упорядоченная структура, соответствующая соединениям Fe_3Si, Fe_3Si_2, $FeSi$ и $FeSi_2$. Ранее О. А. Есин и Л. А. Гаврилов установили наличие в жидком расплаве (1470°C) соединения $FeSi$.

Предел растворимости кремния в железе по Фрагмен - 17%, поскольку сторона элементарного куба железа равномерно уменьшается до этого содержания кремния с 2.86 до 2.81 Å и соответственно снижается плотность сплава, таким образом, атомы кремния замещают в α-решетке атомы железа.

Лебоит (α-$FeSi_2$) — это твердый раствор вычитания недостающего Fe в $FeSi_2$: Хоктон и Беккер (1930 г.) определили границы ξ-фазы от 51 до 59 % Si, чему по их мнению удовлетворяет формула Fe_2Si_5. Предел растворимости кремния в железе ими определен в 18.5%. Вефер и Мёллер (1930) уточнили, что сторона элементарного куба $FeSi$ несколько больше, чем по данным Фрагмен, а именно 4,467 Å.

Между 906-1400°C в железе может растворяться до 2.15% Si, образуя γ-область. При затвердевании ферросилиция, содержащего до 20% Si, температура затвердевания снижается с 1528 до 1195°C. Здесь существует α-фаза (раствор). Затем температура плавления растет до конгруэнтной точки плавления, где сосуществуют жидкая и твердая фазы одного состава, при 1410°C, что соответствует ε-фазе или FeSi. Сплавы, содержащие 17-33% Si при охлаждении ниже 1030° по перитектоидной реакции дают новую η-фазу (Fe_3Si_2), при содержании Si меньше 25%, состоят из α- и η-фаз, а при содержании выше 25% из η- и ε-фаз (Fe_3Si_2 и FeSi). Действительный состав этих сплавов зависит от скорости охлаждения и степени достижения равновесного состояния [50].

Если из восстановленного ставролита после обжига при 1450°C отделить железо, то оставшаяся часть материала представляет собой карбидизированную алюмосиликатную матрицу, что позволит получить не только высокотермостойкий муллитографитовый огнеупор, но и теплоизоляционный материал.

Представляется возможным использовать разработанные ранее составы на основе кианитовой руды и некоторых модифицирующих добавок для производства теплоизоляционных материалов, содержащих восстановленный ставролит.

Исходную шихту готовили путем смешения гранул на основе восстановленного ставролита с отходом производства ферросилиция (ОПФ) или алюмосиликатными полыми микросферами.

Основной составляющей ОПФ является кремний, обладающий высокой реакционной способностью в изучаемой системе при выбранных условиях обжига. Будучи введен в силикатную матрицу в неокислительной среде, он способствует образованию в поровом пространстве карбида кремния в результате реакционного спекания при взаимодействии с монооксидом углерода. В материале может быть создана in sity микроструктура, в которой частицы дисперсного тугоплавкого карбида кремния расположены по границам зерен муллита: $2Si + CO\uparrow \rightarrow SiC + SiO\uparrow$. В этой реакции одна молекула SiC образуется вместо двух атомов Si, так как другой атом кремния удаляется из системы вместе с газом SiO. Это должно приводить к появлению большого числа вакансий и пор в кремнии рядом с границей раздела Si - SiC. Общий объем пустот должен быть примерно равен объему выросшей пленки. Таким образом, приповерхностный слой кремния будет пористым за счет того, что газообразный SiO покидает систему. Кроме того, SiC находится в активном состоянии и способствует появлению в матрице связей карбид-карбид.

Алюмосиликатные полые микросферы (АСПМ) отобраны из золоотвала Апатитской теплоэлектростанции. Основной компонент в их химическом составе – SiO_2, поэтому рассматривались реакции, которые могут протекать в данном материале, когда восстановителем в шихте является карбид кремния.

В формуемую массу в качестве связки вводили прокаленный при 800° гидроксид магния и раствор хлорида или сульфата магния, а как порообразователь - соли аммония. Активный оксид магния в шихте при дальнейшей температурной обработке способствует синтезу муллитокордиеритовой матрицы, который термодинамически разрешен.

Готовую композицию после смешения подвергали формованию по методу свободного литья в формы для получения пористой заготовки. Образцы сушили в диапазоне температур 80- 250°C для завершения процесса твердения и обжигали при 1350°C.

В результате химических реакций между основными компонентами шихты и связкой в образцах формируется карбидизированная муллитокордиеритовая структура.

Данные исследования образцов из шихты, содержащей ставролит и отход производства ферросилиция, представлены в таблице 12. В качестве порообразователей использовали соли аммония.

Отметим, что образцы с добавкой NH_4HCO_3 непрочные, а с добавкой $(NH_4)_2SO_4$ начинают спекаться. В дальнейшей работе следует рассмотреть смеси солей в качестве порообразующих добавок. Для шихты с вермикулитом введение поризаторов нецелесообразно, так как получаются материалы, которые крошатся после термообработки.

Таблица 12 – Свойства теплоизоляционных материалов из ставролита

Основные свойства	Порообразующие добавки			
	Без добавки	NH_4Cl	$(NH_4)_2SO_4$	NH_4HCO_3
Шихта из восстановленного ставролита и отхода производства ферросилиция				
Плотность, кг/м^3	1200	720	1050	800
Пористость, %	53	70	60	67
Теплопроводность, Вт/(м· К)	-	0,170	0,230	0,185
Шихта из восстановленного ставролита и алюмосиликатных полых микросфер				
Плотность, кг/м^3	1120	750	1070	850
Пористость, %	56	69	58	65
Теплопроводность, Вт/(м· К)	-	0,175	-	-
Шихта из восстановленного ставролита и вермикулита				
Плотность, кг/м^3	1010	-	-	-
Пористость, %	62	-	-	-
Теплопроводность, Вт/(м· К)	0,210	-	-	-
ГОСТ Р 52803-2007				
Плотность, кг/м^3	1300			
Теплопроводность, Вт/(м· К)	0,5			

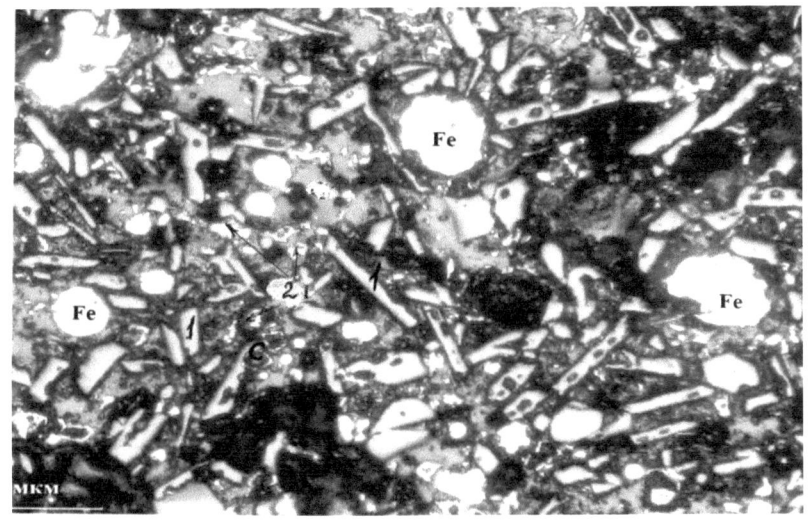

а

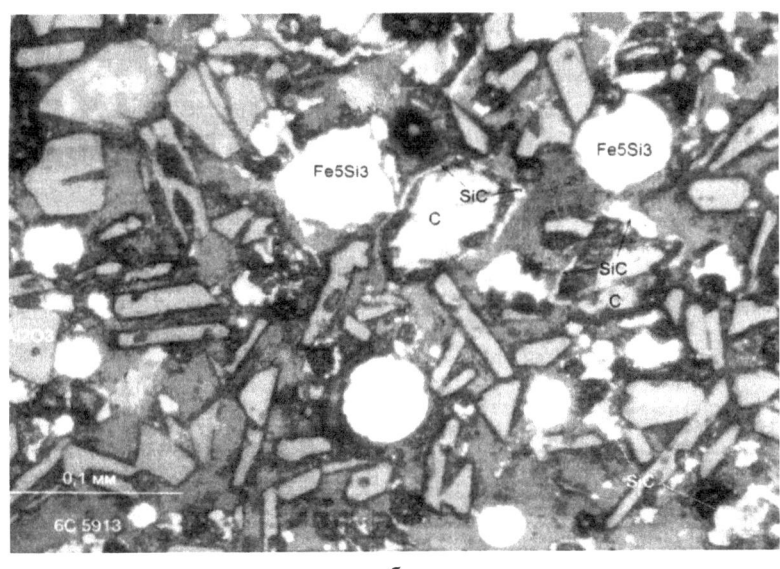

б

Температура обжига, °C: а - 1450, б – 1650

а) 1- муллит, 2 – карбид кремния, С – углерод, Fe – металлическое железо

б)Al_2O_3 - корунд, С – углерод, Fe_5Si_3 - силицид железа, SiC - карбид кремния

Рисунок 15 - Микроструктура образцов восстановленного ставролитового концентрата

Заключение

В рамках текущего исследования выполнена задача вовлечения специфичного алюмосиликатного сырья – кианитовой руды и ставролита в получение огнеупоров и энергосберегающих материалов.

Рассмотрены особенности карботермического восстановления. Для продуктов муллитизации термодинамически наиболее вероятными в восстановительных условиях являются реакции, приводящие к образованию карбида кремния, с частичным образованием и транспортированием по объему монооксида кремния.

Исследовано влияние неравновесных процессов на формирование структуры, роли технологических добавок и состава шихты на термостойкость муллитосодержащих огнеупоров на основе брикета из кианитовой руды и углерода.

Основным компонентом шихты для получения теплоизоляционного материала была гранулированная кианитовая руда, обожженная в восстановительных условиях. Установлены эффективные добавки к шихте для получения исходного гранулята, что позволяет улучшить характеристики легковеса. Шихта для гранулирования отличалась последовательностью введения углерода и алюминиевой пудры. Карбидизированные гранулы интегрированы в создание муллитокордиеритовых легковесов.

Важнейшими факторами для получения качественного легковеса, являются: организация внутреннего переноса вещества продуктами происходящих реакций, инициирование фазовых переходов в керамической матрице в процессе ее формирования. Отмечено, что технологические этапы изготовления сопровождаются последовательным изменением структуры как промежуточного продукта (гранулята), так и конечного изделия за счет синтеза новых химических соединений в теле керамики, что и приводит к улучшению свойств. Приведены зависимости прочности от вида гранул, поризатора и магнезиального связующего.

Исследовано новое перспективное керамическое сырье – ставролит. Его прогнозные ресурсы в кианитовых рудах в Больших Кейвах составляют около 100 млн т. Он является одним из высокоглиноземистых минералов, технология переработки кианитовых руд предусматривает его извлечение при электромагнитной сепарации.

Установлены продукты реакций в системе A1-Si-C-O-Fe при различных режимах термообработки, а также возможности их разделения и дальнейшего использования для получения высокопористой структуры в теплоизоляционном материале.

Кроме изученной возможности применения данного сырья для керамики, ставролит считается перспективным сырьем для флюса-разжижителя вместо флюорита, который применяют в черной металлургии.

При освоении сырьевого потенциала ставролита для Мурманской области открывается перспектива монопольного обеспечения этим сырьем металлургических и огнеупорных заводов северо-запада России. Использование ставролита резко увеличивает значение кианитовых месторождений как источника комплексных руд.

Список использованных источников

1. Гришин Н.Н., Белогурова О.А., Иванова А.Г., Нерадовский Ю.Н., Войтеховский Ю.Л. Особенности поведения кианита в псевдозакрытой и псевдооткрытой системе Al_2O_3 – SiO_2 –C // Цветные металлы.- 2011.- № 11, С. 9-13.

2. Lee J.G., Cutler I.B. Formation of silicon carbide from rice hulls //Am. Ceram. Soc. Bull.- 1975.-v. 54 [2].- p.p. 195-198.

3. Biernacki J.J. , Wotzak G.P. Stoichiometry of the C+SiO2 reaction // J. Am. Ceram. Soc.- 1989.- v. 72[1].- p.p. 122-129.

4. Mechanism of formation of SiC by reaction of SiO with graphite and CO / T.Shimoo, F.Mizutaki, S. Ando, H.Kimura // J. Japan Inst. Metals.- 1988.- v. 52 [10].- pp. 945-953.

5. Krstic V. D. Production of fine, high purity beta silicon carbide powders // J. Am. Ceram. Soc.- 1992.- v. 75 [1].- p.p. 170-174.

6. Qian Jun-Min, Wang Ji-Ping, Qiao Guan-Jun, Jin Zhi-Hao Preparation of porous SiC ceramic with a woodlike microstructure by sol-gel and carbothermal reduction processing // J. Eur. Ceram. Soc.-2004.- v. 24.- p.p. 3251–3259.

7. Kinetics of carbothermal reduction synthesis of beta silicon carbide /A.W.Weimer, K.J.Nilsen, G.A.Cohran, R.P. Roach // AIChE Journal.-1993.-v.39[3].-p.p.493-503.

8. Khalafalla S.E., Haas L.A. Kinetics of Carbothermal reduction of quartz under vacuum //J. Amer.Ceram. Soc. -1972.- v.55 [8].- p.p. 414-417.

9. Kevorkijan V.M., Komac M., Kolar D. Low temperature synthesis of sinterable SiC powders by carbothermic reduction of coolloidal SiO2 // J. Mater. Sci.- 1992.-v.27[10].- p.p. 2705-2712.

10. Chrysanthou A., Grieveson P., Jha A. Formation of silicon carbide whiskers and their microstructure // J. Mater. Sci.- 1991.-v.26[12].- p.p.3463-3476.

11. Ono K., Kurachi Y. Kinetics studies of β-SiC formation from homogeneous precursors // J. Mater. Sci.- 1991.-v.26[2].- p.p.388-392.

12. Голдин Б.А., Рябков Ю.И., Истомин П.В. Петрогенетика порошков, керамики и композитов. – Сыктывкар: Изд. Коми НЦ РАН, 2006.- 275 с.

13. Куликов И.С., Ростовцев С.Т., Григорьев Э.Н. Физико-химические основы процессов восстановления окислов. - М.: Наука, 1978.- 134 с.

14. Хаускрофт К. , Констэбл Э. Современный курс общей химии. -М.:Мир, 2009.-Т.1.-362 с.

15. http://www.xumuk.ru

16. Рябин В.А., Остроумов М.А., Свит Т.Ф. Термодинамические свойства веществ. Справочник. - Л: Химия, 1977.-392 с.

17. Кожевников Г.Н., Водопьянов А.Г. Низшие окислы кремния и алюминия в электрометаллургии. - М.: Наука, 1977. - 145 с.

18. Li C., Huang J., Cao L., Lu J. Synthesis of SiC nanowires from gaseous SiO and pyrolyzed bamboo slices // J. of Physics: Conference Series.- 2009.- 152 (012072).- p.p. 1-5.

19. Кайнарский И.С., Дегтярева Э.В. Карборундовые огнеупоры.- ГНТИ: Харьков, 1963.- 252 с.

20. Электроплавка алюмосиликатов /М.И.Гасик, Б.И.Емлин, Н.С.Климкович, С.И.Хитрик - М: Металлургия,1971.- 304 с.

21. Влияние антиоксидантов на свойства безобжиговых углеродсодержащих огнеупоров /Е.В.Кривокорытов, Н.А.Макаров, Н.В.Кононов, Б.И.Поляк // Огнеупоры и техническая керамика.- 1999.-№12.- С. 6-10.

22. Куликов И.С., Ростовцев С.Т., Григорьев Э.Н. Физико-химические основы процессов восстановления окислов. - Москва: Наука, 1978.- 134 с.

23. Зайцев О.С. Химия. Современный краткий курс: Учебник.-М.:НЦ ЭНАС, 2001.- 416 с.

24. Гельд П.В., Есин О.А. Процессы высокотемпературного восстановления. - Свердловск: ГНТИ литературы по черной и цветной металлургии, 1957.- 646 с.

25. Каменцев М.В. Искусственные абразивные материалы. - М: Машгиз, 1950.-176 с.

26. Карботермическое восстановление кианита /Н.Н.Гришин, А.Г.Иванова, О.А.Белогурова, В.И.Максимов, Н.П.Соколова // Технология металлов.- 2010.-№2.-С.37-47.

27. Семченко Г.Д. Низкотемпературный синтез SiC при термообработке гелей из гидролизованного этилсиликата //Огнеупоры и техническая керамика.-1996.-№9.-С.14-19.

28. Cooper C.F. Graphite containing refractories // Refractories J. -1980.- v.55[6].- p.p.11-15.

29. Белогурова О.А., Гришин Н.Н. Высокотермостойкие муллитографитовые материалы // Огнеупоры и техническая керамика.-2008.-№9 .- С. 35-39.

30. Белогурова О.А., Гришин Н.Н. Высокотермостойкие муллитокарбидкремниевые материалы // Новые огнеупоры.- 2008.- № 11. - С. 44-46.

31. Белогурова О.А., Гришин Н.Н. Модифицированные муллитокордиеритовые материалы // Новые огнеупоры. - 2009. - № 10. - С. 29-32.

32. Коровкин В.А., Турылева Л.В., Руденко Д.Г. Недра Северо-Запада Российской Федерации. - Санкт-Петербург: Изд. Санкт-Петербургской картографической фабрики ВСЕГЕИ, 2003. - 500 с.

33. Белогурова О.А., Гришин Н.Н. Фазообразование в муллитографитовых огнеупорах// Огнеупоры и техническая керамика.- 2010.- №7-8.- С. 48-55.

34. Белогурова О.А., Гришин Н.Н. Карбидизированные теплоизоляционные материалы из кианитовой руды // Новые огнеупоры. - 2012. - № 1. - С.31-36.

35. Белогурова О.А., Саварина М.А., Шарай Т.В. Термостойкие огнеупоры из кианитовой руды Кейвского месторождения // Новые огнеупоры.-2013.-№9.-С.19-23.

36. Гришин Н.Н., Белогурова О.А., Иванова А.Г. Обогащение кианита путем карботермического восстановления //Новые огнеупоры. -2010. -№6.- С. 11-20.

37.Гришин Н.Н., Белогурова О.А., Иванова А.Г. Экспериментально-теоретическое изучение теплопроводности и ее влияния на термостойкость форстеритовых огнеупоров //Огнеупоры и техническая керамика.- 2003.-№12.-С.4-15.

38.Белогурова, О.А., Гришин Н.Н. Термостойкие муллитосодержащие материалы из кейвской кианитовой руды // Всероссийская конференция с международным участием «Исследования и разработки в области химии и технологии функциональных материалов» (27-30 ноября 2010, Апатиты). – Апатиты: Изд. КНЦ РАН, 2010.-С.197-199.

39. Белогурова О.А., Саварина М.А., Шарай Т.В. Теплоизоляционные материалы из гранулированной кианитовой руды // Огнеупоры и техническая керамика. - 2012. - № 7-8. - С.67-74.

40. Третьяков Ю.Д., Лепис Х. Химия и технология твердофазных материалов.- М.: Изд.МГУ, 1985.- С.246.

41. Wang N., Wang Z., Aust K.T., Erb U. Effect of grain size on mechanical properties of nanocristalline materials// Acta. Met.mater. 1995, V.43[2], p.519-528.

42. Белогурова О.А., Саварина М.А., Шарай Т.В. Легковесные муллитокордиеритовые материалы из кианитовой руды Кейвского месторождения // Огнеупоры и техническая керамика.-2013.-№ 7-8.-С.72-77.

43. Валиев Ю.Я., Иброхим А., Мирзоев Б.М. Минералы Западного Памира – новый вид сырья для производства алюминия // Горный журнал, 2008. - №11.- С.28-31.

44. Панов Б.С., Полуновский Р.М., Кривонос В.П. Ставролит - новый прогрессивный вид горнометаллургического сырья // VIII съезд Всероссийского минералогического общества «Современные проблемы минералогии и сопредельных наук» (Санкт-Петербург, 9-14 июня 1992 г.): сб. научн.тр.- Санкт-Петербург: Изд. СПбГУ, 1992. - С.60-62.

45. Панов Б.С.Перспективы развития минерально-сырьевой базы черной металлургии Украины и Донецкой области // Геолого-минералогический вестник. -2006.-№2.- (16) (Укр)

46. Алексеев В.С. Обогащение кианитовых руд. В кн.: Освоение минеральных богатств Кольского полуострова. Мурманск: Мурманское книжное издательство, 1974.- С.191-211.

47. Войтеховский Ю.Л., Нерадовский Ю.Н., Касиков А.Г., Гришин Н.Н. Перспективы освоения новых видов минерального сырья Северо-Запада России //Всероссийская конференция с международным участием « Северные территории России: проблемы и перспективы развития» (Архангельск, 23-26 июня 2008): сб.научн. тр. – Архангельск: Изд. УрО РАН, 2008.- С. 958-961.

48. Есин О.А., Гельд П.В. Физическая химия пирометаллургических процессов. - Свердловск: ГНТИ литературы по черной и цветной металлургии, 1962.- 671 с.

49. Гасик М.И., Лякишев Н.П., Емлин Б.И. Теория и технология производства ферросплавов.- М.: Металлургия, 1988, 784 с.

50. Щедровицкий Я.С. Высококремнистые ферросплавы.- Свердловск: ГНТИ литературы по черной и цветной металлургии, 1961.- 254 с.

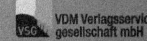